以科學解讀咖啡的祕密

石脇智廣

審訂序

蘇彥彰

記得小時候的數學考試中，除了一般的加減乘除之外，總是會有個「應用題」的項目。沒錯，就類似雞兔同籠共有幾隻腳的數學題目。原理雖然是再簡單不過的加減乘除，被文字包裝修飾後，就完全是兩個樣，得找出路徑，破關斬將才能抵達終點。而且同一個數學算式還可以因為描述文字不同而有千變萬化，所以理解文字的真正含意，便是解開應用題最大的竅門，而應用題要教小朋友的就是數學道理中最重要的一件事——邏輯觀念！

只要掌握邏輯就可以了解問題的核心，進而得出問題答案，就像學會了1＋1＝2，就可以推算出2＋2＝4。數學是如此，咖啡亦如是。掌握正確的基礎觀念是學習咖啡最重要的一課。本書的作者用淺顯易懂的問答方式，簡單而有邏輯的敘述咖啡的基礎觀念，內容包含了生長、品種、烘焙、研磨到沖泡，在咖啡這門學問中容易遇到的問題，都能夠在這本書裡找到清晰而明確的答案，簡明扼要卻字字珠璣，搭配饒富趣味的圖表解說，讓你透過閱讀就能輕鬆記憶起這些專業的咖啡知識。誠心推薦給所有喜愛咖啡的朋友！

審訂者簡介：
咖啡愛好者、咖啡指導講師。
曾赴法國學習料理，
並擔任過數間餐廳的主廚與品牌總監，
現為「我愛你學田市集」農場餐廳的行政主廚。
著有《咖啡賞味誌》（積木文化出版）。

前言

我是一手拿著「科學」的羅盤，一邊徜徉在咖啡森林裡的咖啡愛好者之一。某天，我走上前人開拓的道路，發現了埋藏在專業技巧中的祕密而忍不住叫好。又有一天，我在現有的道路上迷路，這才知道原來常識是騙人的。然後，我也努力開創出屬於自己的一條路，更加靠近了咖啡真理的核心。

在路上，我遇見了各式各樣的愛好者，互相聊著咖啡的樂趣。也遇見了在森林深處徘徊，沒能夠踏出第一步的人。過去經歷過的許多案例，促使我希望利用手上的羅盤，幫咖啡夥伴們一點忙。一開始只是很單純地希望與大家分享，後來變得想要分享更多。有了這樣的經驗後，我甚至開始想著「來做一本指南吧」。

這本書便是因為這個機緣而誕生，裡頭附上許多有趣的插圖，並且盡可能試著將範圍廣大的內容整理成簡單的字句，搭配Ｑ＆Ａ的方式，對於打算踏出第一步的人、在森林裡迷路的人、看膩了森林風景而喪失漫步樂趣的人、打算開拓自己道路的人，希望從初學者到從業者的所有咖啡愛好者都願意閱讀這本書。

書中雖然提到了路要怎麼走、怎麼開創，不過沒有寫到該走哪一條路才好，我想有人或許會因此而覺得使用不便，所以第一步先請各位大略瀏覽整本書，想要嘗試踏出第一步的人從第一章開始，其他人可從自己好奇的問題開始看起。如果你能在書中找到讓自己茅塞頓開的答案，這本書對你來說就有幫助。請務必花點時間先將全書瀏覽過一遍。

我衷心期盼這本書能夠成為每個喜愛咖啡者的指南。

萃取

烘焙

1

咖啡的基礎知識

Q1 咖啡豆是豆類嗎？咖啡是什麼樣的植物？

咖啡豆是由咖啡樹這種植物的果實種子烘焙而成。

咖啡樹屬於被子植物門雙子葉植物綱茜草科咖啡屬。咖啡屬的植物約有七十種，其中有兩種重要的商業作物，一種是阿拉比卡種（Coffee Arabica），另一種是剛果種（Coffee Canephora）。也許有許多人沒聽過剛果種，這就是所謂的羅布斯塔種。事實上羅布斯塔種只是剛果種的品種之一，只是知名度較高，因此成了剛果種的代名詞。

阿拉比卡種約佔現行咖啡產量的六五％，底下有帝比卡（Tipica）、波旁（Bourbon）等諸多品種，擁有普遍受到喜愛的風味，不過缺點就是抗病力弱。摩卡、吉力馬扎羅、藍山等消費者熟悉的咖啡多半都是阿拉比卡種的商品名稱（參考138頁）。

剛果種約佔現行咖啡產量的三五％，擁有麥茶般獨特的香氣和強烈的苦味，耐病力強是其特徵。一九〇〇年起因為阿拉比卡種發生嚴重的疾病問題，使得剛果種急速普及。

其他還有亞洲和西非部分地區生產的賴比瑞亞種（Coffee Liberica），不過只

●咖啡樹的植物學分類

- 被子植物門
  - 雙子葉植物綱
    - 茜目
      - 茜草科
        - 咖啡屬
          - 阿拉比卡種
            - 品種
              - 帝比卡
              - 波旁
              - 等等
          - 剛果種
            - 品種
              - 羅布斯塔
              - 科尼倫（C. Conilon，羅布斯塔的變種）
              - 等等

佔不到咖啡總產量的一～二%。

剩下的六十幾種咖啡樹難道沒有商業價值嗎？關於這一點，現在還無法斷言。近年來生化技術顯著進步，各類咖啡樹都有可能出現嶄新的利用價值。

Q2 咖啡樹的起源及如何普及？

不同種的咖啡，其咖啡樹的起源與普及的路徑不同。

阿拉比卡種原本是衣索比亞的野生種。六～九世紀左右被當作飲料的原料送到葉門。後來有人把種子帶出來，一六九九年荷蘭東印度公司把種子送到印尼的爪哇島，在那兒栽種成功。由這批咖啡種子栽種出來的咖啡樹於一七〇六年從爪哇島運到阿姆斯特丹的植物園繼續栽培，培育出的咖啡苗，則於一七一三年致贈給法王路易十四。這就是中南美咖啡的起源。

一七二〇年左右，法國海軍軍官狄克魯（Gabriel de Clieu）將原本種植於巴黎植物園的咖啡樹苗帶往赴任地馬丁尼克島（Martinique），經歷了航海的艱辛後，成功栽種出咖啡樹。後來再傳入其他加勒比海國家，進而推廣到中南美各國。由這個起源普及的品種是帝比卡。筆者二〇〇六年曾經造訪巴黎植物園、阿姆斯特丹植物園。園內已經沒有當時的咖啡樹，不過

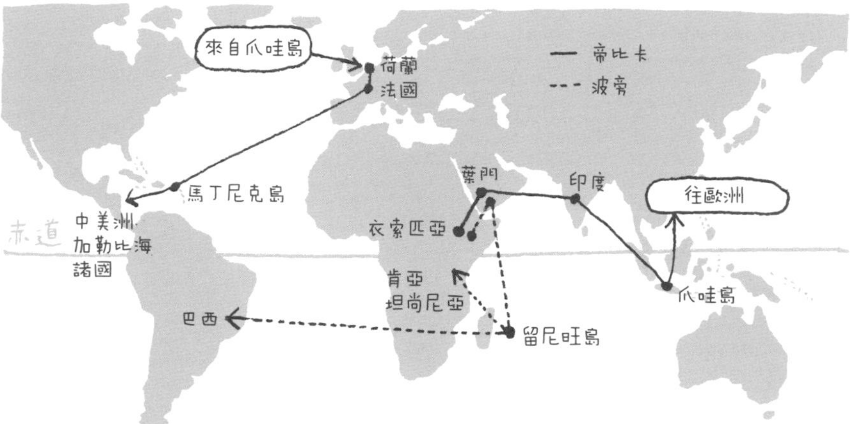

阿拉比卡種

阿姆斯特丹植物園的研究員表示，馬丁尼克島上的老咖啡樹依舊存在。

阿拉比卡種的普及路徑還有另外一條。一七一七年（也有一說是一七一五年），法國人從葉門帶到波旁島（現在的留尼旺島）的阿拉比卡種中，有些在當地發生突變，後來移植到原英屬東非（現在的肯亞、坦尚尼亞），再引進中南美洲。透過這條路徑普及的品種是波旁種。

另一方面，剛果種的歷史較短，進入十九世紀之後才在維多利亞湖（跨肯亞、坦尚尼亞、烏干達的非洲最大湖泊）西邊被發現。一八六〇年代到一八八〇年，阿拉比卡種因為流行病而大受打擊，不過剛果種較耐疾病這一點獲得肯定，此後急速引進各國。一般認為一八九八年從英國皇家植物園（Royal Botanic Gardens, Kew）被送到新加坡、千里達（Republic of Trinidad and Tobago）的是最早栽種的

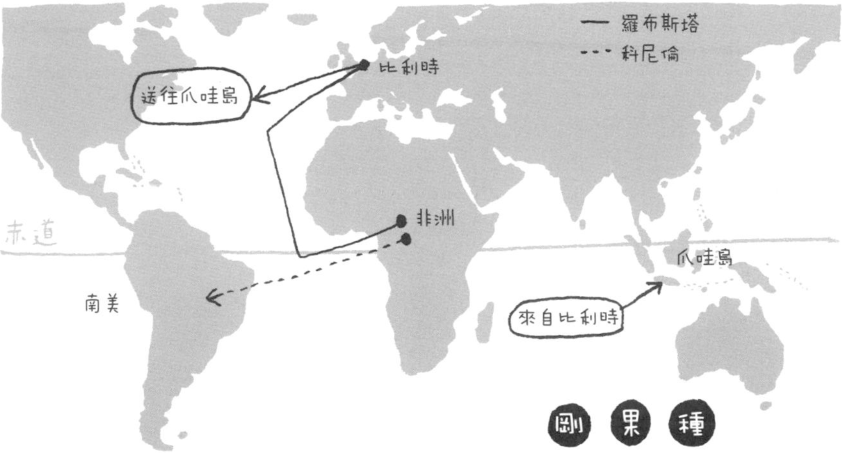

剛果種

剛果種咖啡。之後，剛果種咖啡在熱帶地區普及，一九〇〇年從比利時引進爪哇島。

Q3 咖啡樹如何長大、結果？

咖啡幼苗會先在苗床上生長，之後再將發育良好的幼苗移植到栽種地，確實澆水、施肥、清除雜草，培育長大，也必須預防疾病和蟲害。

經過三年後，每年會開一次花。乾季過後的甘霖就是開花的信號，花朵會同時綻放。此時，綠色的咖啡園會被染成雪白，四周瀰漫著類似茉莉花的香氣。花朵的壽命很短，約三天就會枯萎，一個禮拜內凋零，接著只剩下小果實。阿拉比卡種咖啡花是雄蕊和雌蕊在同一朵花上，因此可自行交配，無須風或昆蟲的力量就能夠結出果實。剛果種無法自行交配，因此需要借助風和昆蟲的幫助才能受精。剛開始果實小而綠，然後逐漸成熟變大，半年後就會變成紅色（有些品種是黃色），最後就是眾所期盼的採收時期了。

採收結束後，咖啡園必須檢查土壤情況，補充肥料或是剪枝，為隔年的收穫繼

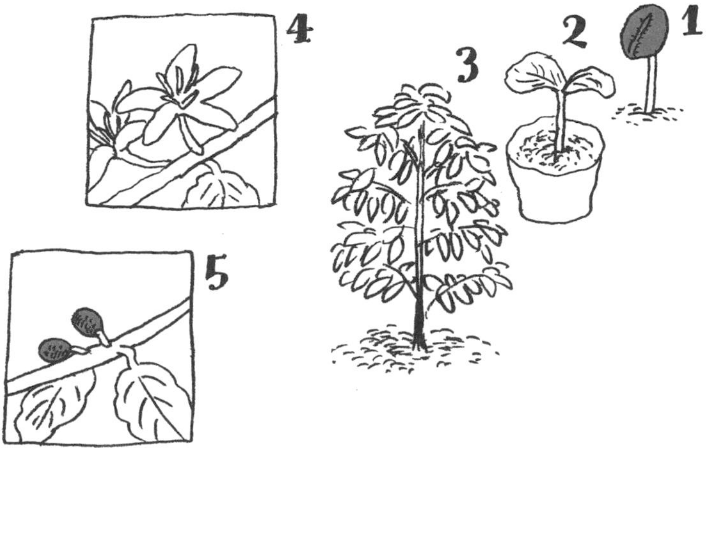

續作業。取出生豆種子後，果肉會被做成肥料。咖啡農努力不懈，只為了維持咖啡品質。

至於咖啡樹能夠存活多少年呢？如果咖啡樹每年結出許多果實，大約十幾年就會耗盡氣力，甚至必須重新種植。另一方面，不要揠苗助長的話，可持續收穫幾十年。我見過樹齡最長的咖啡樹是七十年，不過也曾聽說有超過百年仍能夠生產咖啡果實的咖啡樹。咖啡樹和人類一樣，有些活得短而精彩，有些則細水長流。

Q4 咖啡主要栽種在哪些國家、地區？

咖啡樹是熱帶植物，必須栽種在溫暖地區，以赤道為中心，分佈在南緯二十五度和北緯二十五度之間的地區，稱為「咖啡帶」。不過阿拉比卡種和剛果種在咖啡帶裡的分佈位置並不相同，各自生長在適合的環境裡。

不耐寒的剛果種幾乎都生長在低地上，不耐暑的阿拉比卡種則栽種在高地上。距離赤道愈遠，栽種地的海拔愈高，氣溫也愈低。因此一般而言，同種的咖啡距離赤道愈遠，種植的海拔位置愈低。而且，氣溫愈低生長速度愈慢，也因此往往較晚才能採收，所以海拔高低差很大的產地或國土南北範圍很廣的產地，採收期通常較長。

比較阿拉比卡種與剛果種，剛果種較容易照顧，但不耐乾燥，不過能夠適應各種土壤且很強韌，因此可種植在阿拉比卡

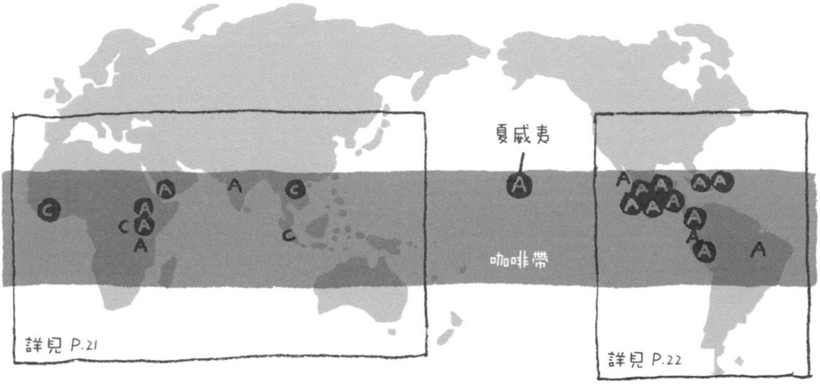

生產品種

Ⓐ 阿拉比卡種　　A 主要是阿拉比卡種

Ⓒ 剛果種　　C 主要是剛果種

種不易生長的地區。

另一方面，阿拉比卡種很挑土壤。土壤必須排水良好，能夠讓根部深深分佈，而且必須是肥沃的弱酸性土壤，因此適合栽種的地區有限。不適合栽種阿拉比卡種的地區，也有人使用接木的方式，把阿拉比卡種接在剛果種的樹幹上種植。

日本雖然不在咖啡帶內，也可栽種咖啡。事實上小笠原群島在明治時代（一八六八年～一九一二年）早期已在進行實驗栽培，且目前也仍維持少量生產。沖繩等

耐熱的剛果小姐
⊙任何土壤都能生長
⊙討厭寒冷乾燥

地也有商業性質的栽種。使用溫室的話，在日本的本州也能種植咖啡。我也種了好幾棵咖啡樹。只要生長順利，三年就能夠享受到唯有產地才能聞到的茉莉花香味，當然也有機會從一棵咖啡樹上採到足夠煮幾杯咖啡的果實，只不過不太好喝就是了。但卻可實際感受到咖啡豆在適合的土地上適當栽培、精製的重要性。

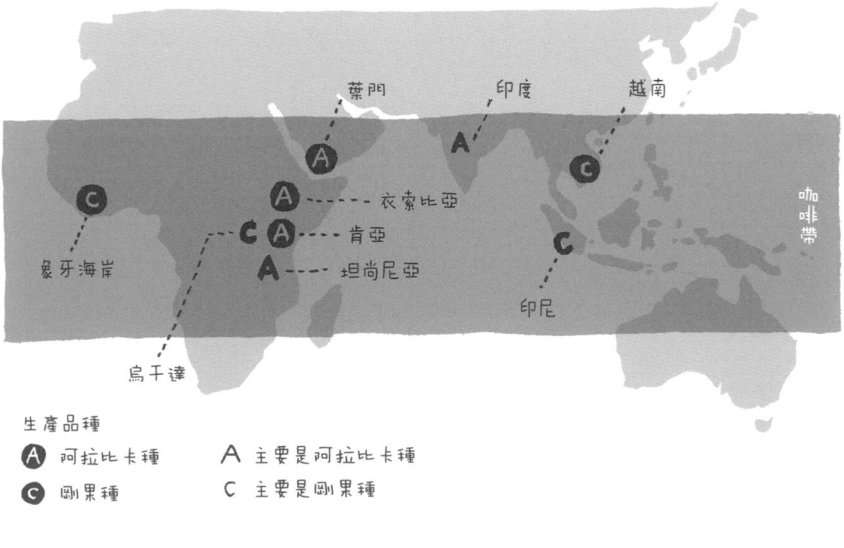

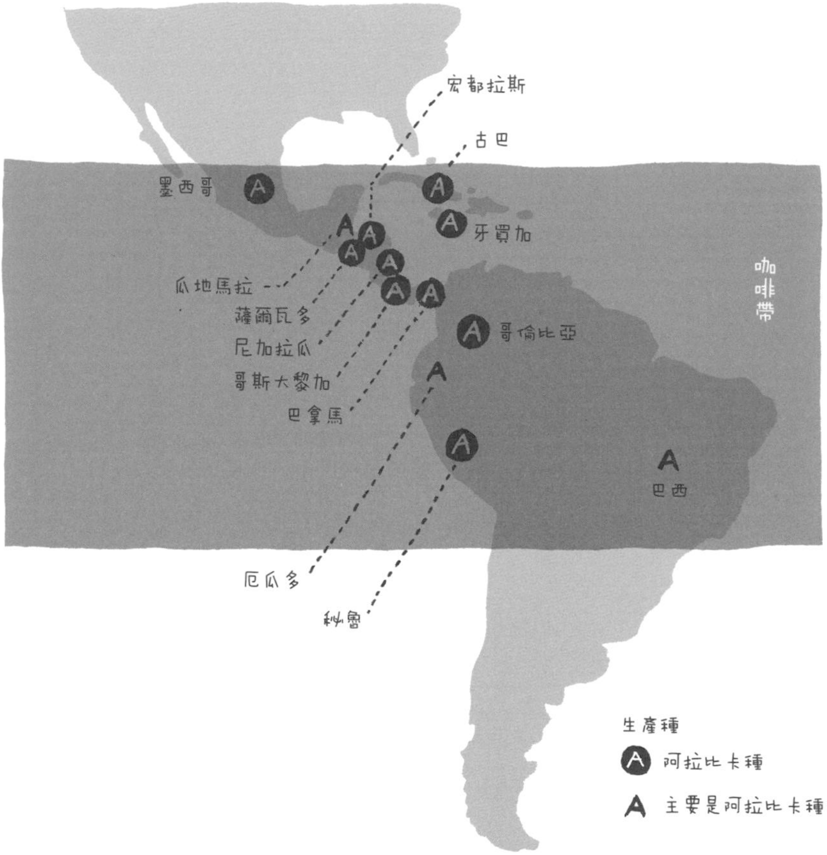
宏都拉斯
古巴
墨西哥
牙買加
咖啡帶
瓜地馬拉
薩爾瓦多
尼加拉瓜
哥斯大黎加
巴拿馬
哥倫比亞
巴西
厄瓜多
秘魯
生產種
阿拉比卡種
主要是阿拉比卡種

Q5 咖啡的果實、種子是什麼形狀？

咖啡果實（稱為咖啡櫻桃，Coffee cherry）呈橢圓形，花朵凋零後立刻會看到像火柴棒頂端一樣大的果實，須要六到八個月慢慢長大。採收時的大小根據栽種環境和品種而不同，阿拉比卡種的果實長度約是一・五到二公分，剖面直徑約是一到一・五公分。剛果種的尺寸則要更小一些。

果實成熟過程會逐漸變紅（有些品種是變黃），完全成熟時果肉會變軟。果肉不多、有甜味，有時也會看到幫忙採收的小孩把咖啡果實當點心吃。

拿掉果肉就會看見裹著一層薄硬皮的種子。這層薄硬皮稱為內果皮，而帶皮的種子則稱為「帶殼豆」。內果皮外頭有一層黏膜。取出咖啡種子時，必須拿掉果肉、黏膜、內果皮。

咖啡種子在果實裡是互相對稱的模樣，因此咖啡豆有一面呈現扁平狀，這種單面扁平的種子稱為「平豆」（Flat bean）。

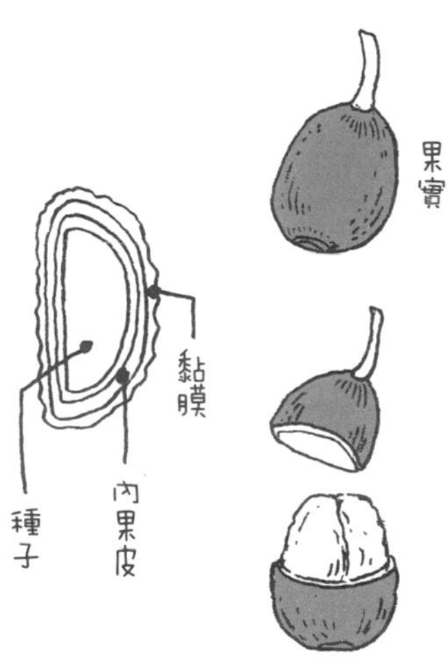

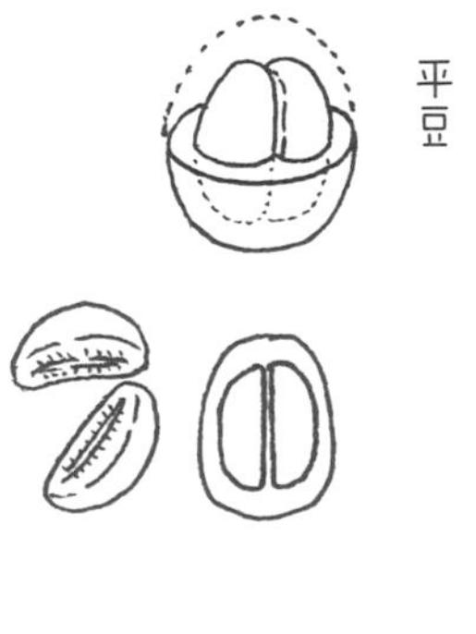

另外，也有一顆果實內只有一顆種子（約佔整體的五～二十%），出現這種狀態主要是受精時或環境的因素造成一側種子生長不良。這種種子是圓的而非扁平狀，因此稱為「圓豆」（Pea berry）。

圓豆

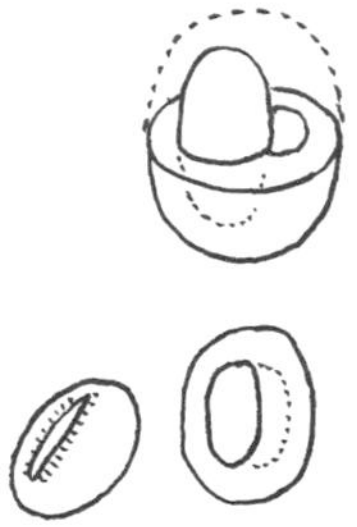

圓豆在篩選過程（統一尺寸或剔除劣質豆的作業）可與平豆分開販售。又因為數量稀少，經常與平豆分開販售。巴西、藍山等產地的圓豆很有名，可賣到比平豆略高的價格。不過，對於咖啡農來說，原本一顆果實應該生產兩顆咖啡豆，現在卻只得到一顆，等於降低了生產量，因此圓豆並不受歡迎。

Q6 咖啡果實經過哪些步驟才會變成一杯咖啡？

一杯咖啡來自於許多程序，以及許多相關人員的辛勞。

首先必須從採收的咖啡櫻桃中取出種子，加工成「生豆」，這道程序稱為「精製」。精製過程中，去除果肉和內果皮的過程稱為「去殼」，統一大小、剔除劣質豆的過程稱為「選豆」。經過這些程序完成的生豆，會裝袋出口運往消費國。

進口的生豆會經由專門業者之手「烘焙」、「混合」。這些專門業者稱為「烘焙師」，而烘焙好的咖啡豆稱為「烘焙豆」。

生豆經過烘焙才終於成為適合飲用的狀態。烘焙豆可保持豆子狀或研磨成粉狀送到消費者手上。磨碎咖啡豆的機器稱為「磨豆機」。

買來的或是自己用磨豆機磨好的咖啡粉裝入「萃取工具」，注入熱水，就能夠煮出一杯咖啡了。這個煮咖啡的過程稱為「萃取」。萃取工具包羅萬象，包括咖啡濾紙、法蘭絨、法式濾壓壺、塞風壺等。

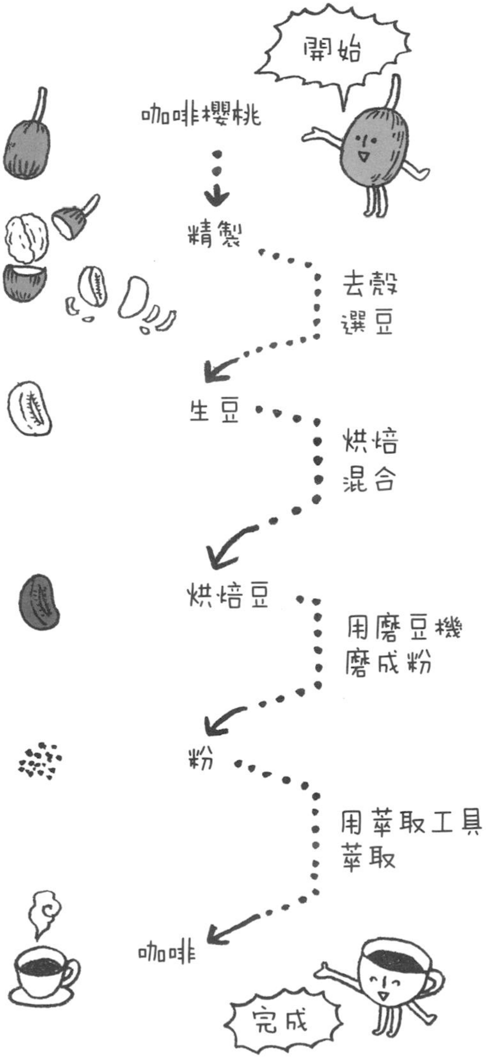

全世界喝掉多少咖啡？怎麼喝？

根據國際咖啡組織（International Coffee Organization，簡稱ICO）二〇〇七年的統計，咖啡進口量最多的國家是美國，將近日本的三倍。第二名是德國，第三名是日本。但是看看包括出口國在內的各國消費量會發現，巴西其實是第二名，日本是第四名。如果再進一步換算成每人消耗的咖啡量，芬蘭、挪威、比利時盧森堡、丹麥等都在前幾名，日本只有芬蘭的四分之一，沒有進入前十名，亦即每人平均每天喝不到一杯咖啡。儘管如此，日本的消費量仍在持續不斷成長，代表著日本市場潛力無窮。

世界各國的咖啡喝法應有盡有。在咖啡發源地的衣索比亞有類似日本茶道的傳統文化習俗，

◆每年進口量前五名

第一名	美國	1,426,440t
第二名	德國	1,112,460t
第三名	日本	457,920t
第四名	義大利	456,000t
第五名	法國	384,060t

◆每年消費量前五名

第一名	美國	1,217,940t
第二名	巴西	960,000t
第三名	德國	515,040t
第四名	日本	436,080t
第五名	義大利	328,320t

◆每年每人消費量前五名

第一名	芬蘭	12.04kg
第二名	挪威	9.65kg
第三名	比利時盧森堡	9.38kg
第四名	丹麥	9.21kg
第五名	瑞士	9.14kg

◎以上根據國際咖啡組織2007年度的統計資料製表

譯注：根據國際咖啡組織的統計資料，2007年度進口量前五名依序應該是：美國、德國、義大利、日本、法國。2010～2012年度每年進口量的前五名依序都是：美國、德國、義大利、日本、法國。

資料來源：
2007年：www.ico.org/historical/2000-09/PDF/IMPORTSIMCALYR.pdf
2010～2012年：www.ico.org/historical/2010-19/PDF/IMPORTSIMCALYR.pdf

稱為咖啡儀式（coffee ceremony）。北歐各國則是煮完咖啡後，只喝上層清澈的咖啡液。

除了使用種子之外，葉門、衣索比亞等地還會將果肉曬乾、烘焙後加入飲料飲用，或是烘烤葉子做成茶葉。我曾在當地喝過上述兩種泡出來的飲料，喝起來有種不同於平常所喝咖啡的美味。

在日本，咖啡多半是在家喝，因此萃取方式的主流是滴濾法。我認為在家喝咖啡是咖啡最理想的形式之一，不過以我個人來說，我更希望舊式咖啡廳風潮能夠復興。七〇年代盛行的舊式咖啡廳風潮，當時我還不知道咖啡的美好滋味，也不曉得咖啡廳的好（當時，咖啡廳被視為不良場所，未成年者進入會被加以輔導）。現在，舊式咖啡廳的數量大約只有當年的一半。令人感嘆是不是沒有機會再次感受舊式咖啡廳的氣氛了呢？

2

咖啡的成分

Q7 咖啡生豆是由哪些成分構成？

咖啡生豆含有九～一三％的水分，水分不會大幅影響咖啡的滋味和香氣。以下介紹無水化合物的成分比例換算值，也就是乾燥後的生豆所含有的成分比例。這個比例的差異將會大大影響咖啡的風味。

多醣類

生豆所含的最多成分，就是多醣類，約佔三五～四五％。雖說它是醣類卻不甜，是構成植物構造的纖維等物質的基礎。阿拉比卡種咖啡與剛果種咖啡的多醣類比例沒有明顯差異。

這些成分之中，胺基酸、寡醣類、綠原酸類的含量，都會影響阿拉比卡種與剛果種烘焙時顏色改變的方式及風味的差異。

不同的產地，其所含的成分比例也不同，栽種環境（海拔、降雨量、氣溫、施肥量）、精製方式也會造成咖啡風味的不同。喝咖啡時感覺到的風味差異，就是深受這些成分比例的影響。

蛋白質

蛋白質的含有比例是一二％。蛋白質和多醣類一樣，也是構成植物構造的成分。阿拉比卡種和剛果種咖啡的蛋白質比例沒有明顯的差異。

脂質

咖啡的脂質是由亞油酸（Linoleic acid）、棕櫚酸（Palmitic acid）等油脂組成，以油脂總量來看的話，阿拉比卡種最多約佔二〇％，剛果種最多則佔一〇％。

寡醣類（蔗糖等）

蔗糖（也就是砂糖）等的寡醣類含有比例，阿拉比卡種最多可達一〇％，剛果種大約三～七％。

綠原酸類

阿拉比卡種約含五～八%，剛果種約七～一一%。綠原酸有許多夥伴，有些綠原酸甚至只存在於剛果種咖啡之中。

酸（綠原酸類以外）

除了綠原酸類之外，還有檸檬酸、蘋果酸、奎寧酸、磷酸等，以總量來看，最多佔二%。

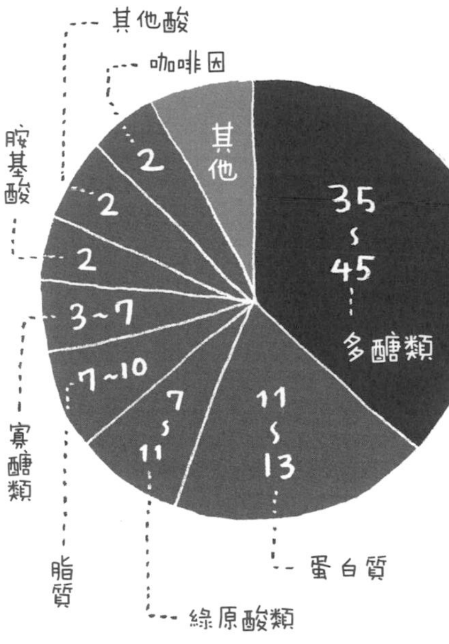

剛果種

咖啡因

阿拉比卡種約含〇・九～一・四%的咖啡因。剛果種一般而言都在二%以上，大多數甚至超過三%。

胺基酸

含有比例是一～二%，咖啡生豆中的胺基酸包括天門冬胺酸、穀胺酸（或麩胺酸）等，阿拉比卡種與剛果種的胺基酸含量不同。

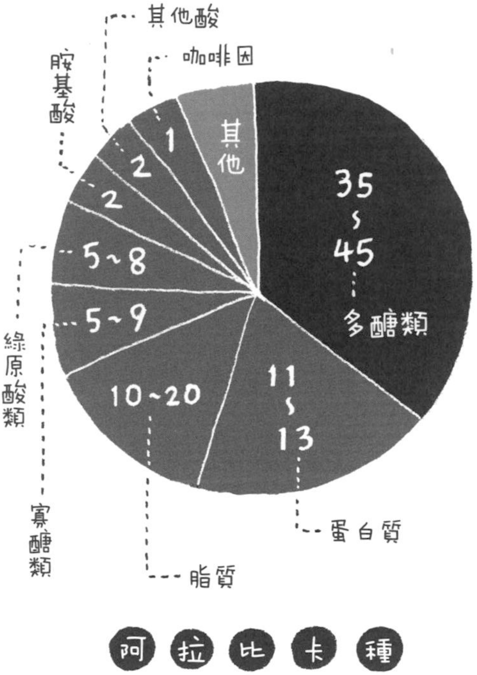

Q8 咖啡豆的烘焙度愈深咖啡因愈少，是真的嗎？咖啡因對身體不好嗎？

咖啡因可說是咖啡最典型的成分。咖啡如果不含咖啡因的話，或許就不會成為如此普及的飲料了，其藥理作用正是咖啡的一大魅力。

咖啡因這個名稱來自於一八二〇年德國化學家龍格（Friedrich Ferdinand Runge）從咖啡豆中成功萃取出咖啡因而得名。幾年後，茶裡也萃取出同樣的物質，但因為是來自茶中，因此取名為「茶因」，後來才統一為咖啡因。如果龍格的研究晚幾年的話，可能就必須稱呼這個物質為「茶因」了。另外值得一提的是，據說當時建議龍格研究咖啡的人，就是德國大文豪兼咖啡愛好者的歌德。

剛果種的咖啡因含量比阿拉比卡種多。咖啡因頗耐熱，不過烘焙時會因為加熱而局部氣化。有烘焙咖啡豆經驗的人應該知道，烘焙機內側和煙囪上會附著白色物質，這個物質就是咖啡因。

因為咖啡因在烘焙過程中減少，就認為「深度烘焙的咖啡豆咖啡因最少」，這就犯了兩個錯誤。

一個是「深度烘焙的咖啡豆咖啡因最少」這點。烘焙愈久，咖啡因的確會減少，不過咖啡豆的重量也會隨著烘焙減少。舉例來說，咖啡豆的重量減少了十五％，此時咖啡因也減少了十五％。以結果來說，深度烘焙的咖啡因比例與淺度烘焙相去無幾，只要煮咖啡所用的咖啡豆重量相同，咖啡因含量也不會改變。

另一個錯誤是「咖啡因愈少愈健康」這點。咖啡因有各式各樣的藥理作用，雖然懷孕、胃不好等時候必須減少攝取，不過，適量攝取咖啡因能夠恢復疲勞，對身體有正面幫助。

Q9 一杯咖啡含有多少咖啡因？比煎茶和紅茶更多嗎？

咖啡、茶類等飲料隨著個人的沖泡方式與喜好不同，濃度範圍很廣，不能一概而論。如果是按照市售產品的包裝說明沖泡的話，每一百二十毫升的咖啡中約含有六十～一百毫克的咖啡因，與三十毫升的義式濃縮咖啡所含咖啡因含量相同。茶類的話，一百二十毫升的煎茶約含二十毫克，一百二十毫升的紅茶約含三十毫克，咖啡的咖啡因含量比茶類多。

話說回來，喝下多少咖啡才會有咖啡因攝取過多的危險呢？這點因為喝咖啡者的體質、身體狀況和體重不同，只要不是一次喝五、六杯，都無須擔心。

以我個人來說，我認為咖啡只是普通的休閒飲料，可隨心所欲地品嘗，只要別喝到反胃就好。仗恃自己身強體壯而不知節制，或是認為咖啡對身體不好而避之唯恐不及，都不是正確的態度。

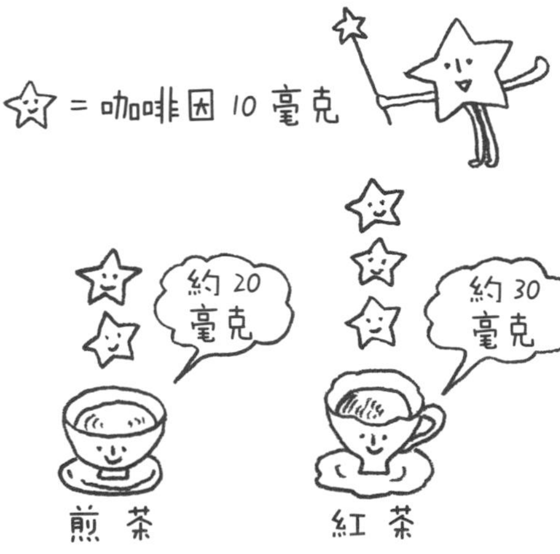

Q10 無咖啡因的咖啡是如何除去咖啡因？

去除九〇%以上咖啡因的咖啡，稱為「無咖啡因咖啡」（Decaffeinated coffee，簡稱 Decaf）。過去一般是使用有機溶劑去除咖啡因，不過因為溶劑殘留及可能致癌等問題，日本現在已禁止使用。日本目前主要流通的無咖啡因咖啡，是以水或二氧化碳去除咖啡因的產品。

雖然對於水較熟悉也較放心，但咖啡因不太溶於水，因此要用水溶出咖啡因其實有點困難，再加上胺基酸、寡醣類、綠原酸類等構成咖啡風味的基本物質易溶於水，反而會比咖啡因先被去除。

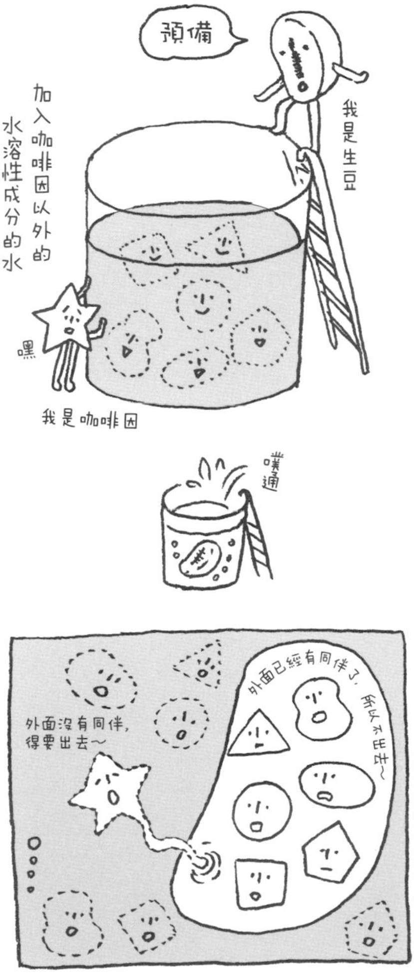
預備
我是生豆
加入咖啡因以外的水溶性成分的水
嘿
我是咖啡因
噗通
外面已經有同伴了，所以不出去～
外面沒有同伴，得要出去～

為了解決這個問題，採用的方法就是「瑞士水洗法」。瑞士水洗法是事先將生豆中咖啡因以外的水溶性成分盡量全部溶解到水中，再用這些水浸泡另一批生豆，這些生豆中的水溶性胺基酸、寡醣類、綠原酸類雖然想要溶入水中，卻因為水中已經充滿了同樣的成分，因此生豆的成分無法溶出。另一方面，因為水中不含咖啡因，所以咖啡因會被溶出。不過，一次無法溶出太多咖啡因，因此必須反覆浸泡，將咖啡因一點一點去除。含有咖啡因的水利用活性碳過濾後，可再度用來去除咖啡因。透過這種方式就能夠不破壞主要成分，同時去除咖啡因。

使用二氧化碳去除的做法是調整壓力和溫度，有效溶出咖啡因。二氧化碳通常是氣態，加壓就能夠同時擁有氣態和液態兩種性質（此狀態稱為超臨界），或是將之變成液體使用。超臨界的二氧化碳能夠非常有效地去除咖啡因，液態的效率與之相比略差，不過特徵是幾乎能夠原封不動地保留構成咖啡風味的基本成分。

Q11 咖啡苦味的來源是什麼？

咖啡苦味的成分之中最為人所知的就是咖啡因，不過咖啡因帶來的苦味，事實上只佔了頂多一〇%。這點從烘焙豆含有的咖啡因濃度不受烘焙程度影響，以及無咖啡因咖啡也有苦味，就能夠明白。那麼，剩下的九〇%苦味來自哪裡呢？

咖啡苦味的來源之一是褐色色素（Q14有詳細說明）。褐色色素可根據分子大小來分類，分子愈大苦味愈強。以咖啡來說，深度烘焙會增加褐色色素，分子較大（苦味較強）的色素也會跟著增加。日常生活中煮深度烘焙豆時，就會發現苦味比較強，而且口感比較濃郁，這一點應該都有同樣經驗。

事實上，阿拉比卡種與剛果種的苦味強度和口感不一樣。這也是因為褐色色素的量與分子大小不同所造成。剛果種的寡醣類含量比阿拉比卡種低，不會發生焦糖化，容易製造出分子較大的色素，因此即使淺度烘焙，往往仍會嚐到濃郁的苦味。

苦味的另一項來源是胺基酸和蛋白質加熱時產生的七個雙胺基酸環化衍生物（Diketopiperazine）。這是由兩個胺基酸結合而成的物質，結合方式不同會造成苦味的強度也不同。除了咖啡之外，可可、黑啤酒等的部分苦味也是由這個物質所構成。

那麼，苦味的強度與濃淡難道無法掌控嗎？當然可以。只要改變咖啡豆的種類、烘焙程度、烘焙方式、萃取方法，就能夠改變苦味。

Q12 咖啡酸味的來源是什麼？

生豆中有檸檬酸、蘋果酸、奎寧酸、磷酸等與酸味有關的成分，不過這些不是喝咖啡時感覺到的酸味來源。烘焙造成的酸才是酸味的主要來源。

生豆一經過烘焙，各種成分產生化學反應，就會創造出新的酸。最具代表性的

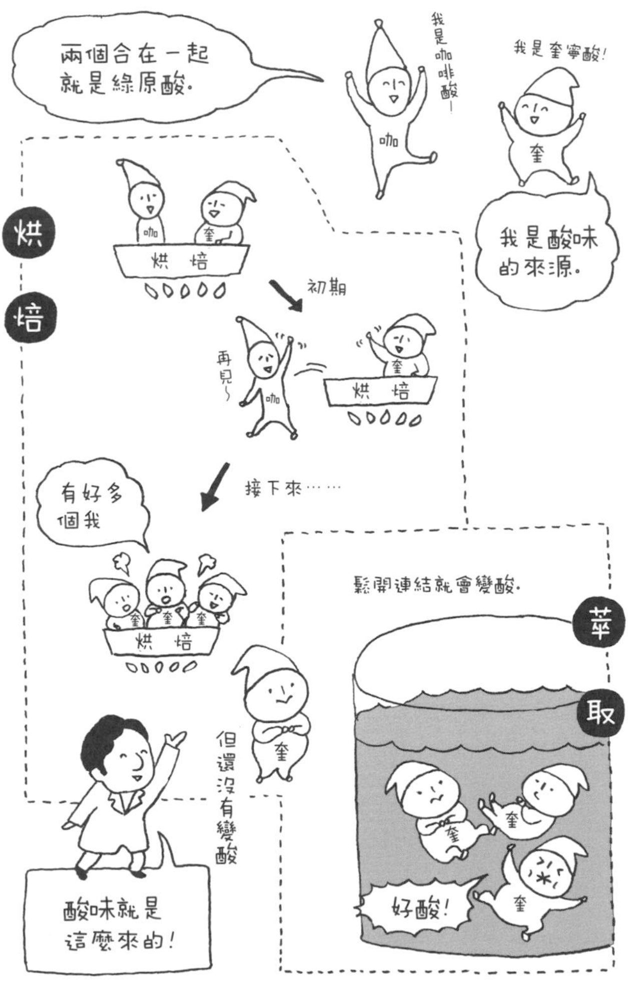

就是綠原酸類分解後產生奎寧酸的反應，以及寡醣類分解後產生具揮發性的甲酸、乙酸反應。

烘焙中產生的這些化學變化會導致烘焙得愈久，酸的總量增加愈多。也就是說，烘焙到一半時，酸味會變強，但是如果繼續待在高溫中，酸會發生熱分解。過了這個階段之後，繼續烘焙只會使得酸味逐漸減少。

烘焙豆中含有最多的酸，就是因為烘焙而增加的奎寧酸。不只是含量增加，酸味也會增強，這是一般所知的咖啡主要酸味成分。其他如：檸檬酸、乙酸、磷酸等的含量也很多。每種酸的酸味強度、濃度不同，因此單純的酸味背後其實相當複雜。

造成烘焙豆酸味的成分總量與比例，當然也會受到生豆組成的影響，因此選擇何種原料，某些程度上會影響酸味呈現的方式。比方說，剛果種的寡醣類含量低，而寡醣類又是乙酸的來源，因此無法出現有揮發性的清爽酸味。

另外，酸味的呈現方式也會因為奎寧酸的狀態而改變。奎寧酸裡存在著展現酸味的物質，以及遮住與酸味有關的部分（狀態就像是交抱起雙臂，把寫著酸味的那隻手遮在底下）避免展現酸味的物質。煮好的咖啡漸漸變酸，是因為避免展現酸味的物質在熱水中逐漸鬆開交抱的手臂，釋放出酸味。

Q13

咖啡果實愈成熟，取得的咖啡豆愈甜，是真的嗎？

「使用完全成熟的果實製作的咖啡豆（成熟豆）很甜」——不只是消費國，就連產地也有這種說法。一般認為成熟豆所含的糖分多，那就是咖啡甜味的來源，事實上這是誤會。

生豆的蔗糖含量的確會隨著果實熟成而增加，因此如果你吃生豆，這種說法或許正確。但是，以烘焙豆來說，這種說法不正確。因為生豆的蔗糖成分經過烘焙之後，幾乎蕩然無存。蔗糖一經烘焙，就會變成咖啡顏色、香氣、酸味的基本成分。事實上咖啡果實的成熟度愈高，烘焙時的顏色愈漂亮，能夠變身成為香氣和酸味豐富的咖啡。如果蔗糖是甜味的來源，應該是會產生甜甜的焦糖香，而不是舌頭會感覺到甜味。

那麼，喝咖啡時感覺到的甜味究竟是從哪裡來？這點對我來說也是個謎。咖啡中雖然有甜味相關的物質，不過這個問題尚未找出答案。我也曾查過國外的各種文獻。日本雖然沒有什麼咖啡相關的研究，不過世界各國每個月都會發表數十篇關於咖啡的論文。但是，至今仍沒有找到答案。面對堆積如山的國外文獻，我想，是不是直到最近才有人認為「咖啡有甜味」呢？坊間雖然有許多關於苦味、酸味、香氣等的研究範例，卻找不到甜味相關的資料。難道覺得咖啡有甜味的只有日本人？

譯注：在 SCAA 的杯測味環口味的部分也有「甘甜」（Sweetness）項目，而田口護《咖啡大全》書中也有提到咖啡甜味。根據 SCAA 杯測評分表對於「甜味」的說明：甜味這種知覺來自其中存在的某些碳水化合物。咖啡的甜味不像一般非酒精含糖飲料直接展現的甜味，但會影響咖啡風味。資料來源：www.scaa.org/PDF/resources/cupping-protocols.pdf

Q14 咖啡豆經過烘焙後為什麼會變成褐色？

咖啡的生豆是淡綠色，烘焙後會變褐色。這種烘焙豆特有的褐色主要來自寡醣類、胺基酸、綠原酸類製造出的褐色色素。所謂的褐色色素，指的不是一種顏色或成分，而是讓咖啡變成不同顏色的諸多成分的總稱。

生豆在烘焙過程中會逐漸改變顏色，是因為褐色色素的總量及其分子大小的比例改變所致。褐色色素可根據分子大小分類。淺度烘焙多半會產生小分子色素，隨著烘焙程度愈深，色素的總量逐漸增加，大分子色素的比例也會增加。

淺度烘焙豆中多半含有明顯帶黃色的小色素，這是烘焙初期階段的化學反應產物，是寡醣類熱分解出來的東西與綠原酸類產生反應後製造出來的物質。

繼續烘焙的話，寡醣類會焦糖化，製造出焦糖色素。再加上寡醣類與胺基酸反應產生的糖蜜色素（Melanoidin）後，就會產生稍大一點的紅褐色色素。糖蜜色素產生的反應稱為梅納褐變反應（Maillard reactions），是食品化學反應中十分重要的一種。烤麵包的顏色、味噌、醬油的顏色等都是梅納褐變反應造成的結果。

若繼續烘焙，蛋白質和多醣類也加入，變成分子巨大百倍以上的黑褐色色素。

這種色素事實上就是構成咖啡苦味的要素之一。一般認為色素的分子愈大，咖啡的苦味愈強烈，口感也愈沉重。因此苦味的強度和口感會隨著咖啡的烘焙程度而改變，就是受到這些色素變化的影響。

Q15 咖啡豆經過烘焙後，為什麼會有香氣？

咖啡生豆約有兩百種的香氣成分，不過那些對我們而言不是舒服的香味。讓咖啡香氣充滿魅力的原因是咖啡經過烘焙這道火之洗禮，以及烘焙產生的許多香氣成分（光是目前已知的成分就有七百種之多）。與構成咖啡滋味的成分相比，每種香氣的成分雖然微量，不過帶來的影響很大，甚至可說它們就是咖啡的主要成分。

Q14中提過，咖啡烘焙產生梅納褐變反應使得咖啡豆顏色出現變化，而事實上梅納褐變反應在咖啡香氣的形成上，也扮演了重要的角色。味噌、醬油，或是烤肉、麵包有獨特的香氣，這些都是梅納褐變反應帶來的附屬結果。咖啡香氣也是如此。什麼樣的香氣能夠發揮到什麼樣的程度，取決於胺基酸的排列組合與加熱條件的不同。咖啡含有多種胺基酸，不過胺基酸的排列組合又受到品種、栽種條件、精製方式等的影響而改變，因此選擇不同生豆就會出現不同香氣。另外，即使使用同一款生豆，烘焙時的咖啡豆溫度上升情況及烘焙程度等也會改變香氣。

Q14中提到的焦糖化也是創造出咖啡香氣的化學反應之一。焦糖產生時會散發出揮發性的酸，其香氣和甜香味，都是咖啡香氣的重要要素。其他還有綠原酸類等各種物質加熱之後，也會產生香氣。

烘焙製造出的眾多香氣成分會因為烘焙程度而改變。改變的模式大致上可分成三大類，分別是：❶變化較少的物質，❷增加到某些程度後開始減少的物質，❸烘焙過程中逐漸增加的物質。❶多半被視為是生豆中所含的成分。❸通常被認為是帶來煙燻味或刺鼻味的成分。❷對我們來說是帶來舒服酸甜香氣或烘烤甜香味的成分。不同的烘焙程度之所以會改變香氣的質感和強度，是因為以上三種香氣成分的總量和平衡改變所造成。

Q16 咖啡中含有的綠原酸是何種物質？

綠原酸（Chlorogenic Acid）也稱作咖啡單寧或咖啡多酚，最近因為它具有活化人體的作用（抗氧化作用等）而突然受到矚目。

綠原酸是由咖啡酸和奎寧酸組合而成的物質。組合方式不同（一對一或二對一、或以哪個部位結合），或是咖啡酸的部分結構不同的話，能夠產生出多種相似的物質，這些通稱綠原酸類。報告顯示，咖啡生豆中含有超過十種以上的綠原酸類。

綠原酸類是生豆品質的重要指標之一。咖啡酸與奎寧酸以一對一方式結合而成的物質稱為「單綠原酸」，二對一方式結合的稱為「雙綠原酸」，而咖啡櫻桃中

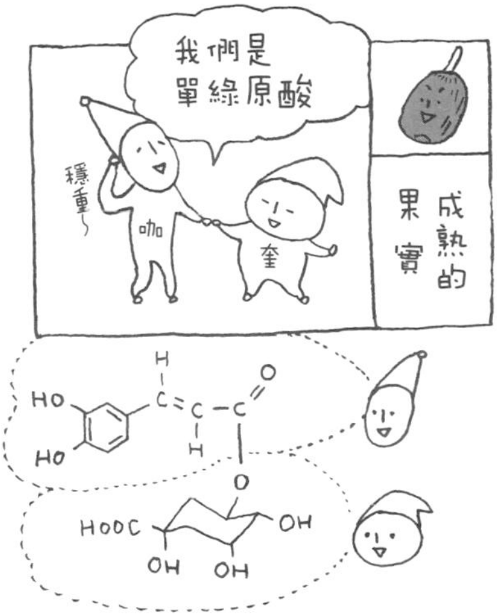

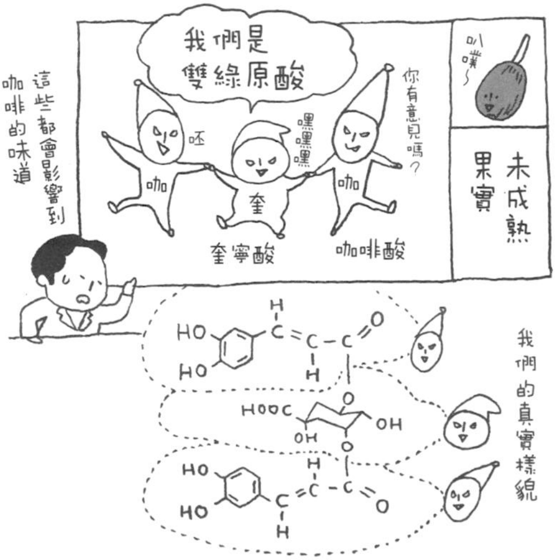

含有的雙綠原酸會在果實成熟的過程中逐漸變成單綠原酸。也就是說，單綠原酸的比例大於雙綠原酸時，表示咖啡果實的熟度較高。事實上，有人曾經比較過從同一棵樹上採收未成熟果實、成熟果實及熟度介於兩者間的果實，分別精製後發現熟度愈高的生豆，單綠原酸的比例數字明顯愈大。

單綠原酸與雙綠原酸的比例不同，會造成口味上的差異。雙綠原酸會在舌頭上留下金屬澀味，破壞咖啡的滋味。比較不同種咖啡會發現，剛果種的綠原酸類含量比阿拉比卡種來得高，而對照總量後就會明白，這是因為它含有許多雙綠原酸。

Q17 咖啡的風味會隨著時間改變嗎？有什麼訣竅能夠保留風味？

咖啡的風味隨時間流逝會逐漸地改變，可能是受到以下因素的影響。

第一個因素是味覺的溫度特性。即使品嘗同樣的東西，只要溫度不同，酸味、苦味、甜味的感覺也會改變。做成冷飲時，較不容易感覺到苦味和甜味，而容易感覺到酸味。

第二個因素是成分的改變。咖啡中含有許多容易改變的成分，若沖煮的溫度很高，就會逐漸發生改變。

第三個因素是氧氣。咖啡中所含的氧氣會促使咖啡產生變化。我曾經聽過：「將咖啡裝滿整個水壺，就不用擔心會接觸到氧氣」的說法，不過這是誤會。氧氣就溶在咖啡裡，因此這種做法只是治標不治本。

那麼，想要長時間保持美好風味，該怎麼做才好？很可惜這個問題沒有完美的答案。以急速冷凍的方式保存咖啡，要喝時再加熱，這個辦法有某些程度的效果，不過必須均勻加熱，而且不能過熱，還必須在短時間內完成，否則會出現煮過頭的味道。用瓦斯爐或微波爐加熱的話，容易造成局部過熱，而隔水加熱又非常花時間。以我個人來說，你可以直接享用冰咖啡，或是將急速冷凍的濃縮咖啡液兌熱水飲用，這些都是比較簡單的做法。我認為基本上咖啡還是適合在剛煮好的時候品嘗。

我希望各位學會享受一杯咖啡所具有的不同變化。只要你能夠擺脫「咖啡是熱飲」的先入為主觀念，就能夠看見更多的咖啡魅力。人們經常說：「好喝的咖啡就算冷了也好喝。」這句話我也贊同。喝咖啡的過程中，溫度緩緩下降，同時酸味和苦味也逐漸改變平衡，黏性提高，就會產生濃郁的滋味。

堅持挑選、烘焙、混合適合的生豆，要煮咖啡之前才磨豆子，然後花時間好好品嘗，我想這就是最奢侈的享受了，不是嗎？

Q18 咖啡豆變老後會有什麼改變？

烘焙的咖啡豆擺久了，會逐漸出現變化。然後到了某個時間點，就會變得很難覺得好喝，最後終於變成不好喝。咖啡逐漸失去美味的過程稱為劣化。

是否劣化的評斷依據是根據咖啡生產者和品嘗者的主觀認定。剛烘焙好的咖啡豆與放置一年的咖啡豆，哪一種比較好喝？兩者的風味明顯不同。只憑字面判斷的話，所有人理所當然會選前者，不過，盲飲比較過後，一定有某些比例的人會選擇後者。對於選擇前者的人來說，咖啡豆過了一年就劣化了，但是對於選擇後者的人來說，這段時間是所謂的養豆期。生產咖啡的人認為無法理解新鮮咖啡美味很可惜，不過那又是另一個問題。

為什麼咖啡豆的風味會逐漸改變呢？一般認為是咖啡豆含有的油脂氧化了，但這不是主要原因。咖啡豆因為有許多抗氧化成分，因此油脂的氧化速度非常緩慢。

香氣飄散，
也就代表著
它正在劣化
CO2
香氣
香氣的成分與
二氧化碳
一起被釋出
烘焙豆

事實上我們在更早的時候就已經感覺到風味改變。那麼，是什麼東西改變了呢？就是香氣。烘焙出爐時釋放出的氣體（二氧化碳）也把香氣的成分一起帶走。然後，剩下的香氣成分開始產生化學變化。香氣的總量減少，香氣逐漸變質，這項變化的結果讓人感到不舒服時，就會感覺到劣化。

Q19 用礦泉水煮咖啡會更好喝嗎？

用礦泉水煮咖啡，咖啡的味道會改變，顏色也會比較黑，這是因為受到水的pH值（酸鹼值）影響。pH（氫離子指數）表示水溶液中酸性和鹼性的強度數值。水在二十五度時，pH值是七表示中性，數值比七大，鹼性愈強，抵銷酸的能力也較強。日本自來水的pH值是七，不過也有pH值超過八的礦泉水。

咖啡是pH五～六的低酸性飲料，使用pH七以上的鹼性水沖煮的話，會提高pH值，減少酸味。pH值愈高，減少酸味的效果愈強。可注意礦泉水標籤上的pH值標示當作參考。

但是，並不是說用pH值數字愈大的水煮咖啡，咖啡就會好喝。不喜歡咖啡酸味太強的人認為「使用pH值超過七的礦泉水煮咖啡就會變得溫順好喝」，而喜歡平常咖啡口味的人若改用礦泉水煮咖啡，只會覺得咖啡「味道沒特色」。水的選擇終究只是調整酸味強度的手段之一罷了。

以我個人來說，咖啡不需要和茶一樣特別挑選水，用自來水煮就很足夠。如果想要控制酸味的話，與其在水上花錢，我比較建議更換烘焙豆，或是改變咖啡液萃取時的濃度。

如果覺得平常
喝的咖啡太酸……
選擇pH值超過7的
鹼性水（硬水）
奎寧酸會
帶來酸味
請試試！
鹼與奎寧酸聯手，
就能夠抑制酸味。
奎寧酸
鹼性

●來杯咖啡休息一下2

什麼是遮蔽樹？

阿拉比卡種不需要太多陽光，在原產地衣索比亞是自行生長在高地的樹蔭處。而創造出樹蔭的樹，就稱為遮蔽樹（Shadow Tree）。最近有愈來愈多機會能夠主張咖啡栽種地區環境的重要性，因此各位也有較多機會聽到遮蔽樹一詞。咖啡樹與遮蔽樹打造出的茂密森林，也能夠造福生活在其中的動物。

遮蔽樹的任務並非只是製造樹蔭，還能夠替不夠強健的咖啡樹遮擋強風，並防止霜害。扎實的樹根可以保持土壤中的養分不流失。最近的報告中顯示受到遮蔽樹保護的咖啡樹，結出來的果實較大，而且熟度平均，每年採收量也不再多寡不齊，還能夠讓咖啡樹更長壽。

遮蔽樹雖然有眾多優點，不過也有人認為不需要。比方說，有些地方的氣象條件（如有霧等）不需要遮蔽樹，也能夠保有適度的日照量；容易發黴造成疾病蔓延的區域，為了避免太潮濕，也不需要使用遮蔽樹。另外也有些地區因為遮蔽樹會增加工作量，或是追求更高的收成量，所以也不使用遮蔽樹。一般而言，日照量較多的話，收成量就能夠提昇到某個程度。有些品種可耐強烈日曬，或是用本身的葉子遮蔭，因此只要選擇這類品種，並且大量施肥，就能夠生產出許多美味的咖啡。

遮蔽樹自古就是某一品種咖啡栽種過程中經常使用的方法，因此，從品質的觀點來說好處很多，但我不認為這個看法正確。為了提昇品質，最重要的是選擇適合各品種的栽種方式，並且進行適宜的精製程序，遮蔽樹不過只是其中的一項要素罷了。

3

如何煮出美味的咖啡——選購、萃取、研磨、保存

Q20 購買時，應該買咖啡豆還是咖啡粉呢？

購買咖啡時，你可選擇買咖啡豆或咖啡粉。

市售的咖啡，有七成左右都是咖啡粉。購買咖啡粉的好處就是簡單方便。最近急速普及的簡易掛耳式咖啡，或許算是咖啡粉目前發展出的最佳模樣。掛耳式咖啡已經裝好一杯份的咖啡粉，因此不只是省去磨豆子的時間，也不需要準備量分量、萃取工具，更不需要收拾清洗。

咖啡粉的確很簡單方便，不過如果光是這樣就能夠獲得支持，未免太可悲。咖啡粉有個很大的問題，那就是劣化的速度要比咖啡豆快上數倍。

烘焙豆磨成粉時，其中所含的二氧化碳最多會流失七〇％。雖然還剩下三〇％，但是流失的速度會比咖啡豆快上好幾倍。二氧化碳的任務是保護咖啡不受環境劣化要因（水分、氧氣）的破壞，但是磨成粉之後，它的效果短時間內就會消

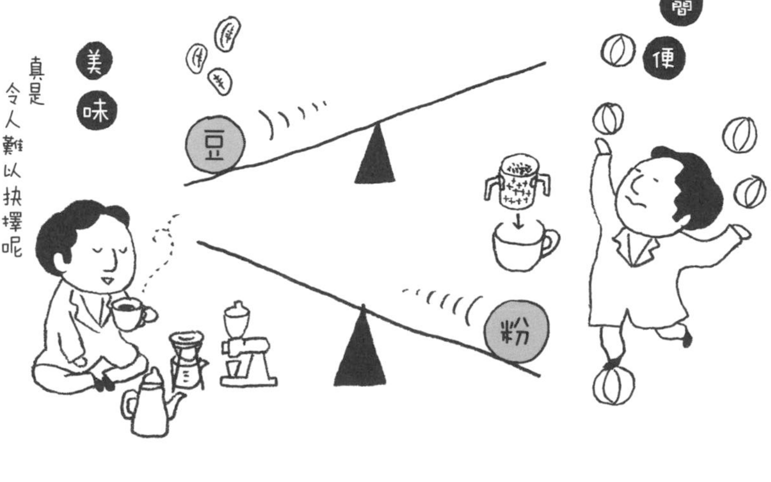

失。另外，二氧化碳逐漸流失時，咖啡的香氣成分也會一起被帶走，因此咖啡磨成粉後，香氣也會逐漸變少。

假如請店家磨的豆子幾天之內就會用完，或許影響不大。但是，假如不是這樣，請務必試喝剛磨好的咖啡粉與擺放一段時間的咖啡粉，比較看看兩者的差別，應該就能夠發現，在快速方便的同時，你損失了什麼。

事實上，咖啡粉的簡單與便利或許不一定是它獲得支持的原因。以一般消費者為對象的咖啡講座上進行的問卷調查，經常可見到「不曉得可以買咖啡豆」的回答。可見咖啡豆有多麼不普及。

Q21 如何選擇店家？

咖啡的風味取決於挑選生豆、烘焙、混合這段過程。因此對於一般消費者來說，慎選店家、商品是能夠喝到美味咖啡的重要因素。

在超市等地方挑選大型烘焙業者的商品時，每家公司均有其特色風味，你可以同時挑選同一個價格帶的商品試喝看看。大型烘焙業者有嚴格的品管制度，一整年都能夠提供品質穩定的商品，這是他們的強項，也推薦給重視穩定的咖啡風味，及希望隨時隨地都能夠買到咖啡的人。

挑選提供磨咖啡豆服務的店家時，首先建議要親自前往門市、購買、試喝。親自前往門市看看展示櫃裡有哪些烘焙程度的咖啡豆，了解一下價格區間。有些店家還會舉辦咖啡教室，因此對於今後準備學習咖啡知識的人來說，這也是重要的參考依據。我建議打算進入咖啡世界的人，親自跑一趟提供磨咖啡豆服務的門市。你可以從講究咖啡的前輩身上學到許多東西。我也經由這種方式獲益良多。

　　我想最近也有不少人開始利用網路等的咖啡銷售服務。這個管道最大的魅力就是只要按下一個鍵，即可輕鬆買到全國各家名店的咖啡，十分方便。但是，名店的咖啡不見得適合自己。購買時沒有親眼看過實品，因此商品送達時感到失望的機率會比較高。

　　最近無論是哪種業務型態，均會千篇一律地強調「講究」。買家必須有能力判斷賣家是否真的很講究。別被文宣、品牌、名稱等蒙蔽了雙眼，我希望各位找出自己最容易煮得好喝的咖啡。

Q22 煮咖啡的工具有哪些？

煮咖啡的工具包羅萬象，以下將深入探討咖啡的煮法。不過在此之前先簡單歸納出工具的使用方式及難易度。

滴濾法（濾紙滴濾法、法蘭絨滴濾法）

所謂滴濾法是將磨好的咖啡粉放在濾紙上，再從上方注入熱水。溶出咖啡成分的熱水會經由濾紙過濾出來。

滴濾法之中，最具代表性的就是濾紙滴濾法，也是一般家庭普遍使用的煮咖啡方式。將濾紙鋪在有洞孔的容器（滴濾杯）裡使用，使用完畢即可連同濾紙和咖啡渣一起丟掉，收拾起來很輕鬆。這種方法是一九〇八年德國的美利塔夫人（Melitta Bentz）所發明，這個能夠輕鬆煮出好喝咖啡的方法很快就普及全世界。但是，儘管此方式很普及，卻意外的複雜又困難，必須多多練習才能夠煮出滋味穩定又好喝的咖啡。

濾紙滴濾法使用的是濾紙，與之相對的是使用法蘭絨過濾的法蘭絨滴濾法，此法的工具保養及難度更高，不過相當受到專賣店與講究的咖啡愛好者青睞。

咖啡機

咖啡機的普及讓濾紙滴濾法更貼近日常生活。煮咖啡的工作全都交給機器進行，因此這種方式比濾紙滴濾法更輕鬆。只是有些機器無法維持咖啡風味穩定，也

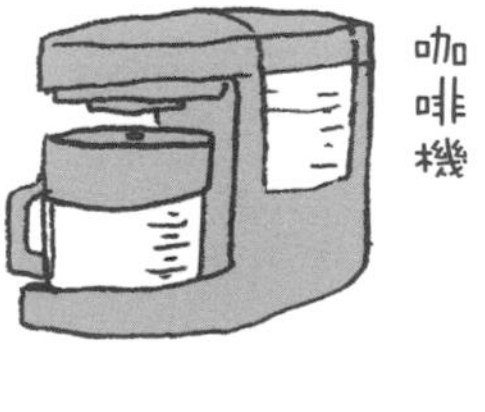

無法如手沖咖啡那樣可以進行微調，因此原料上必須很講究。

法國濾壓壺（法國壓）

法國濾壓壺是由圓筒型容器，以及用來分離咖啡粉的金屬濾網（附按壓軸）所構成。使用方式是將磨好的咖啡粉放入容器內再注入熱水，等候一段時間後壓入金屬濾網，將咖啡粉按壓到容器底部，使之與咖啡液分離。工具的清洗比較費事，不過這種方式簡單且難度較低。

法國濾壓壺

塞風壺

塞風壺

塞風壺最具特色的就是它的形狀。在球形容器中加水，從底部加熱煮沸，再插上裝了咖啡粉的漏斗，沸騰的熱水就會上升開始萃取。加熱一段時間再停止加熱，熱水就會瞬間過濾，將咖啡液與咖啡粉分開。塞風壺的保養比較麻煩，不過這是簡單且難度較低的工具。只是塞風壺與咖啡機一樣，想要煮出好咖啡必須講究原料。

濃縮咖啡機

國外的咖啡連鎖店進軍日本，使得濃縮咖啡機一下子普及。煮法是將磨得很細的咖啡粉壓進容器裡，再以高溫熱水施以高壓，短時間內煮出高濃度咖啡。高溫、高壓是關鍵，因此為了滿足這項條件，必須花錢買機器。市面上還有一種稱為「摩卡壺」的家用濃縮咖啡萃取工具，不過若是從萃取原理的角度來說，這種工具煮出來的咖啡，嚴格來講算不上是濃縮咖啡。

Q23 如何萃取出咖啡的成分？萃取的原理為何？

將熱水注入咖啡粉，就能夠把咖啡粉中所含的成分轉移到熱水中。這種取出成分的步驟稱為萃取。一如Ｑ22所介紹，有滴濾法、法國濾壓壺、塞風壺、濃縮咖啡機等萃取方式。這些方式看似不同，不過事實上除了濃縮咖啡機之外，其他的萃取原理均相同。

咖啡的萃取是由兩個過程組成。

第一個過程是咖啡成分由咖啡粉表面移動到熱水裡。移動的速度視成分的濃度而有不同。咖啡粉表面的咖啡成分愈濃，或是熱水裡所含的咖啡成分濃度愈淡，移動的速度就會愈快。因此萃取剛開始時，咖啡粉表面的許多咖啡成分尚未溶解到熱水裡，因此會發生快速移動，而時間愈久，移動的速度便愈來愈慢。意思也就是：咖啡沖泡一分鐘與沖泡兩分鐘之間的一分鐘差距，遠比沖泡四分鐘與五分鐘的一分鐘差距要來得更大。

第二個過程是咖啡成分由咖啡粉中心移動到表面。在第一個過程中，咖啡粉表面的成分溶出，表面的成分濃度轉淡，因此引起第二個移動過程。咖啡成分在第二個過程中移動速度比第一個過程緩慢，這是其特色。咖啡的味道會因原料與煮法而改變，就是因為深受第二個過程的影響。

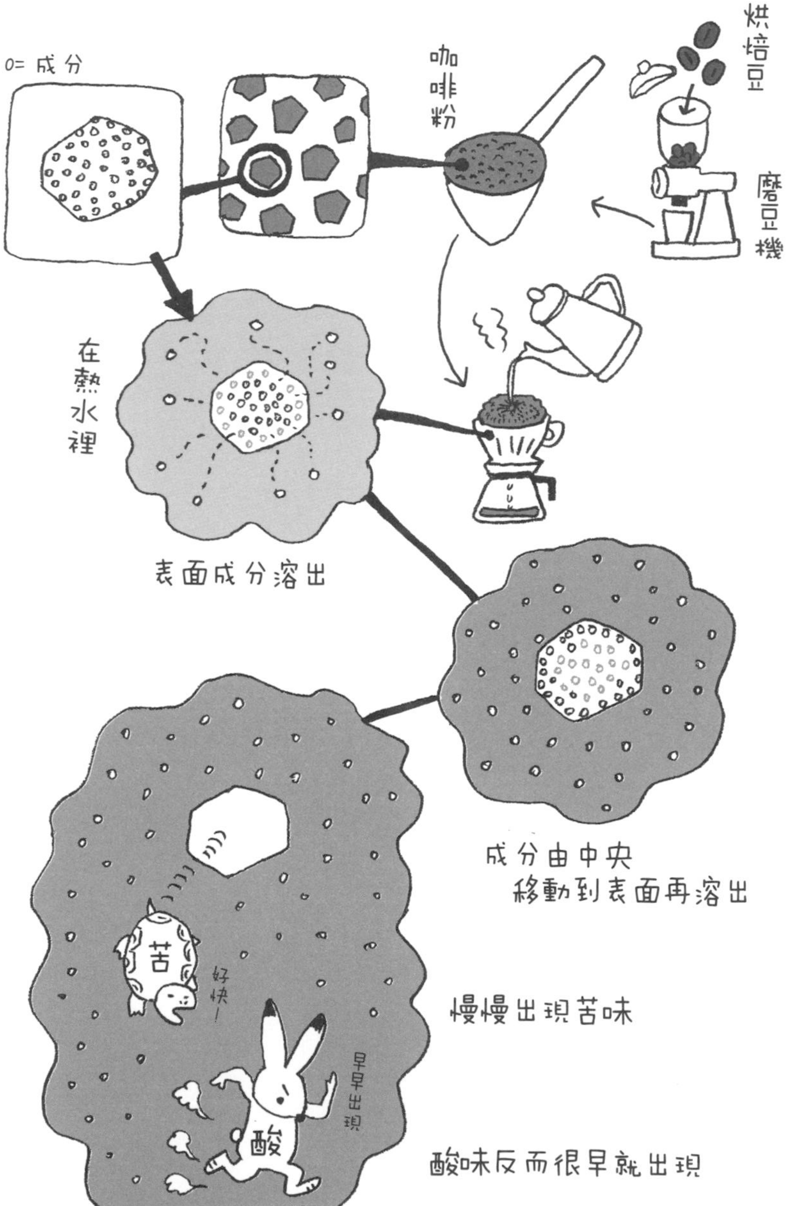
烘培豆
磨豆機
咖啡粉
o= 成分
在熱水裡
表面成分溶出
成分由中央
移動到表面再溶出
苦
好快！
慢慢出現苦味
酸
早早出現
酸味反而很早就出現

Q24 不同的沖煮方式會改變咖啡的滋味嗎？

煮咖啡的過程，簡言之就是在控制烘焙豆中各種成分的萃取量，藉此創造味道的總量與平衡。

酸味成分與苦味成分的總量取決於原料，原料很重要。使用哪種生豆、咖啡豆烘焙時的溫度如何上升、成品是哪一種烘焙程度、經過這種烘焙方式的咖啡豆要怎麼混合——這些就是決定咖啡味道的大部分要素。

可是，即使都使用同樣原料，也無法保證咖啡的味道每次都相同。因為煮咖啡的方式會改變咖啡味道，即使原料能夠決定酸味成分、苦味成分的總量，但是萃取方式不同，就足以改變咖啡味道。

改變咖啡味道的萃取要素是❶熱水的溫度（熱水接觸咖啡粉時的溫度）、❷萃取時間（熱水與咖啡粉接觸的時間）、❸咖啡粉的顆粒大小。

❶熱水溫度

提到熱水溫度，一般人往往在意的是注入的熱水溫度，事實上關鍵在於熱水接觸到咖啡粉時的溫度。也就是咖啡粉注入熱水後的溫度。

熱水溫度一高，會加速各成分的移動，酸味成分的移動速度最快，即使加速，在一定時間內由咖啡粉中心抵達表面的量也是大同小異；而苦味成分移動速度最慢，因此熱水溫度愈高，抵達表面的苦味成分也會大幅增加。也就是說，熱水溫度愈高，味道的總量增加，苦味成分的比例也會提高。相反地，熱水溫度一下降，味道總量就會減少，苦味成分的比例也會跟著降低。

❷萃取時間

酸味成分移動的速度原本就快，假使拉長萃取時間，比方說三分鐘與五分鐘，酸味成分移動到表面的量沒有太大的差別（三分鐘幾乎已經全都到達表面了）。另一方面，苦味成分的移動速度緩慢，因此移動時間是三分鐘還是五分鐘，差別很大。也就是說，味道的總量會隨著時間拉長而增加，而苦味成分的比例也會跟著提高。

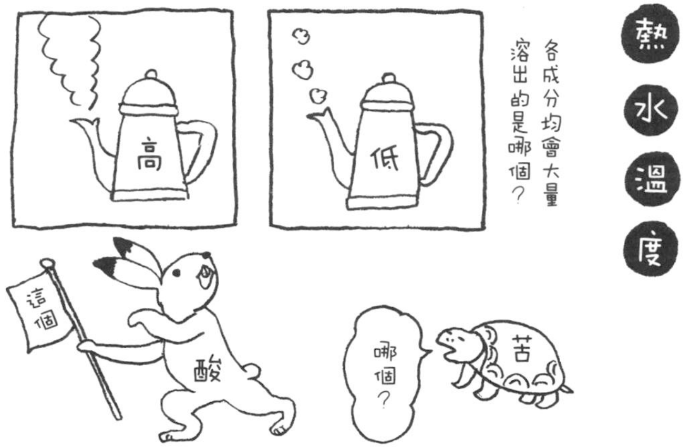

❸咖啡粉的顆粒大小

關於咖啡粉的顆粒大小，磨得愈細，表示咖啡成分距離終點更靠近了。酸味成分移動速度快，不受終點遠近的影響，不過對於移動速度慢的苦味成分來說，距離就是一大問題。咖啡粉顆粒愈細，味道總量愈增加，苦味的比例也會提高。

那麼，味道總量最好應該有多少呢？酸味與苦味的比例為多少最完美呢？這點與個人喜好有關。如果咖啡是為了煮給自己喝，找出自己的最佳數值是關鍵。如果是煮給別人喝，則必須擁有足以找到最佳數值的技術，懂得配合喝咖啡者的喜好挑

選原料、改變熱水溫度、萃取時間、咖啡粉顆粒大小等。

咖啡粉顆粒大小

Q25 採用濾紙滴濾法煮咖啡的注意事項？

濾紙滴濾法是將有洞的容器（滴濾杯）裝上濾紙，倒入磨好的咖啡粉，再由上方加入熱水的方法。溶出咖啡成分的熱水經過濾紙過濾，從滴濾杯的洞流下。使用完畢可連同濾紙和咖啡渣一起丟掉，收拾簡單。

這個方法雖然普遍，卻意外複雜且困難，想要每次都煮出好喝的咖啡必須經常練習。

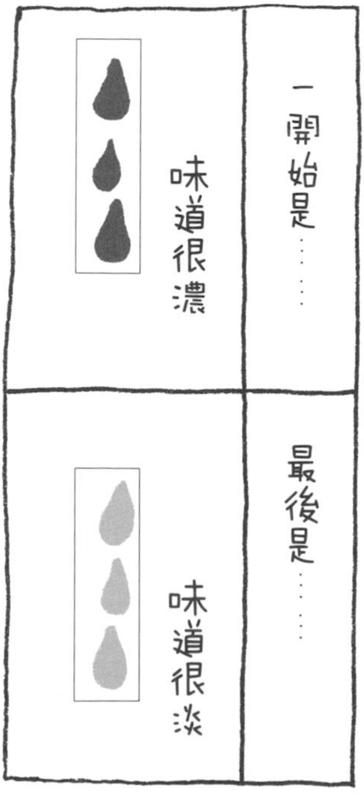

濾紙滴濾法之所以困難的主因之一，就是因為萃取與過濾同時進行，因此無法鎖定改變咖啡味道的要素之一，也就是萃取的時間（參照Q24）。與法國濾壓壺、塞風壺不同，濾紙滴濾法必須逐步過濾注入的熱水。即使開始注入熱水到注入完畢要花上三分鐘時間，但因為熱水是分批注入，因此無法鎖定是什麼時間萃取出了好味道。

第二項主因是咖啡粉的分量與顆粒大小也會改變萃取時間。舉例來說，如果想要增加杯數，使用法式濾壓壺和塞風壺的話，只要分別增加兩、三倍的咖啡粉量與熱水量，即可煮出同樣味道的咖啡。但是使用濾紙滴濾法就不是這樣。因為咖啡粉的量一旦增加，就會拉長熱水萃取的時間。因此想要增加杯數的話，必須多次滴濾且逐步減少咖啡粉的量，或是改用顆粒較粗的咖啡粉。另外，即使咖啡粉的分量均相同，為了調整味道而改變顆粒大小的話，萃取時間也會跟著改變，因此最好先調整熱水的溫度，而不是改變咖啡粉的顆粒大小。

第三項主因是使用的滴濾杯不同也會影響到萃取時間。不同類型的滴濾杯過濾的速度不同，因此滴濾杯的類型也會影響咖啡的味道。關於這一點，將在下一個問題中詳細說明。

Q26 滴濾法使用的工具有哪些類型？有何特徵？

濾紙滴濾法的滴濾杯包含了幾種類型，有一個洞的，也有三個洞的，還有洞孔尺寸較大的，諸如此類，因此以同樣方式注入熱水，過濾的速度也不盡相同。

過濾的速度愈快，注入的熱水很快就流下來，因此萃取的時間也會變短。相反地，過濾的速度愈慢，注入的熱水停留在滴濾杯中的時間較長，因此萃取的時間也變長（過濾速度緩慢，熱水停留在滴濾杯裡的情況稱為「熱水停滯」）。這個萃取時間的差異就會造成味道的不同。

過濾速度因為滴濾杯的洞孔面積而改變，面積愈小的洞孔（一個小洞的類型），過濾速度愈慢。此類型的滴濾杯因為注入的熱水先停滯在滴濾杯中，才以一定的速度過濾，萃取是在停滯的熱水中發生，因此熱水的注入方式不會產生影響，能夠煮出滋味相對穩定的咖啡。

另一方面，洞孔的面積愈大（三個洞或一個大洞），過濾速度愈快，也會影響到注入熱水的方式。熱水注入此類型的滴濾杯不會發生停滯，會以注入位置為中心，一邊萃取一邊過濾。如果不斷變更注入熱水的位置，咖啡成分較容易萃取出來，而注入位置較固定時則萃取不易，會發生成分萃取不均的情況。一般常說「熱水不可以淋在滴濾杯邊緣」就是這個原因。如果將熱水以同樣方式淋在咖啡粉較厚的中央與較薄的邊緣，邊緣容易萃取過度。

挑選滴濾杯時必須注意材質。每個陶瓷滴濾杯的形狀略有差異，滴濾杯內側的溝槽太淺的話，熱水不易通過，因此購買時必須確認。

另外，搭配滴濾杯使用的濾紙也必須注意。有的濾紙味道明顯，這味道會影響到咖啡香氣，建議選購濾紙前應該先試用。將濾紙裝在杯子裡直接注入熱水試聞氣味即可知道。

濾紙類型	一個大洞	三個洞	一個小洞
過濾速度	比起三個洞的濾紙 快	比起一個小洞的濾紙 快	慢 同樣時間內可過濾的量較少
熱水停滯	不易	較易	容易

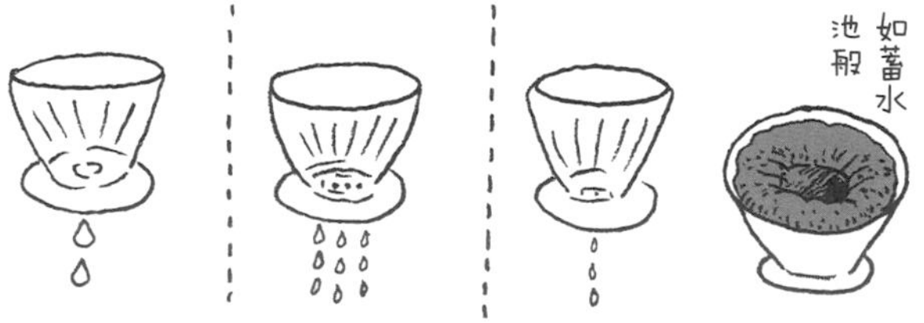

Q27 選擇哪一種形狀的注水壺最好？為什麼注水時要畫圈？

市面上可買到滴濾法專用的注水壺，使用這種注水壺的話，就很容易控制注水位置及注水量。

若是希望熱水停留在滴濾杯內，注入熱水時不需要使用注水壺，一般茶壺或其他工具都可以，但如果不希望熱水停留在滴濾杯內，注水壺就派上用場了。因為萃取的進行是以熱水注入的位置為中心，因此能否控制熱水的注入方式，將會影響到咖啡成分的萃取量。

一般常說「要以畫圈的方式注入熱水」。我不曉得為什麼這麼說，不過我想意思應該是熱水不能停留在同一個位置上倒太久。咖啡成分在萃取時是由咖啡粉中心朝著表面緩緩移動，熱水不斷注入同一個位置的話，該位置已經沒有咖啡成分能夠被萃取到表面，因此接下來的熱水變成只是在沖洗咖啡粉表面，使得煮出來的咖啡味道很淡。使用熱水不會停滯的注水方式時，必須注意「勿在同一個位置上注入太多熱水」。而使用熱水會停滯的注水方式時，只要別在同一個位置上注入太多熱水，不一定要堅持注水時必須畫圈。

我過去用過不少注水壺，並非每種注水壺都能夠以相同方式控制熱水流量。因此建議購買前盡量先試用看看。使用順手與否，端看注水壺的容量和形狀決定。注水口頂端細窄的注水壺，流出來的熱水也細長，不過注水口根部窄的注水壺可能會因為倒水過猛，或是熱水始終保持細水流長，而較不適合使用大滴濾杯大量萃取。注水口根部寬且末端細窄的款式較方便使用。其實也無須太過講究形式，使用泡茶的茶壺代替也可以。

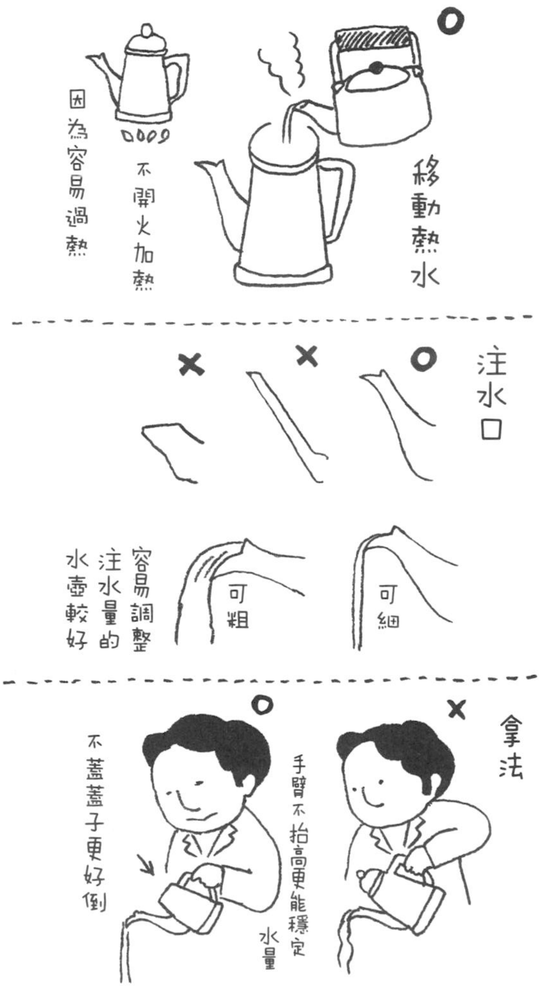
移動熱水
不開火加熱
因為容易過熱
注水口
可細
可粗
容易調整注水量的水壺較好
拿法
手臂不抬高更能穩定
水量
不蓋蓋子更好倒

Q28

為什麼熱水一注入咖啡粉就會膨脹？沒有膨脹表示咖啡粉不新鮮嗎？

熱水注入咖啡粉後，咖啡粉會冒出氣泡並膨脹起來，不過氣泡出現的方式與膨脹的程度也是不盡相同。

首先要問，這個氣泡究竟是什麼？

氣泡內的空氣是原本封閉在烘焙豆裡的二氧化碳，形成氣泡外膜的是蛋白質和多醣體等（成分與濃縮咖啡表面覆蓋的物質相同）。有些人說這些滴濾時產生的氣泡是「雜質」，不過我認為這話說得太嚴重，因為不管是撈掉這些氣泡或是將它混入咖啡中，都不會影響咖啡的味道。

熱水注入咖啡粉時產生的氣泡有些極為細緻，有些很大，也有些幾乎不會產生氣泡，這是因為二氧化碳出現的方式不同所導致。

剛烘焙好的咖啡豆含有大量的二氧化碳，馬上研磨使用的話，注入熱水時經常會冒出較大的氣泡。我認為這不是壞事，不過二氧化碳會妨礙熱水與咖啡粉的接觸，影響到萃取。如此一來即使你總是以同樣方式煮咖啡，有時咖啡會變得比平常淡，必須小心。一般常聽到「咖啡豆烘焙好先靜置一晚，等味道穩定後再使用」，我想就是基於這個原因。

沒有出現氣泡或是咖啡粉的膨脹程度

較低等情況，則發生在二氧化碳含量較少的時候。也有說法認為「咖啡粉不會膨脹表示不新鮮」。烘焙好的咖啡放置一段時間之後，二氧化碳的含量的確會減少，因此這種說法不能算是有錯，不過也有些時候不是因為這個原因。包裝時如果裝進吸收二氧化碳的乾燥劑，或是把熱水慢慢注入粗磨的咖啡粉，或是熱水溫度偏低等，也會出現同樣情況。

Q29 如何以濾紙滴濾法煮出味道穩定的咖啡？

使用同樣的咖啡粉卻會煮出不同味道的咖啡，主要是因為熱水溫度、萃取時間（熱水與咖啡粉的接觸時間）不同所導致。

為了控制熱水溫度，有時也會使用溫度計，不過市售的棒狀溫度計精確度較低，大約有五度的誤差，因此使用多支溫度計進行測量時，必須注意從頭到尾要用同一支。另外，必須考慮的不是熱水的溫度，而是熱水在咖啡粉中的溫度。這一點會受到注水方式、咖啡粉分量、咖啡粉溫度等影響，因此如果上述條件無法維持穩定，就算控制溫度，效果也不彰。

為了固定萃取時間，必須穩定熱水注入的方式。根據滴濾杯內的咖啡粉狀態與熱水量的變化較容易掌握時機。一般常說「注入熱水時必須讓咖啡粉充分膨脹」、「趁著注入的熱水尚未滴濾完畢，趕緊注入第二次熱水」、「最後要趁著熱水尚未滴濾完畢時，拿掉滴濾杯」等。另外，使用注水壺的話，頻頻補上熱水、注水壺內的熱水維持方便注入的固定分量，這樣都較容易控制注水方式。使用重量較重的注水壺時，可將注水壺靠近身體，使用上半身控制水壺。

另外，沖煮杯數改變，萃取時間也往往會跟著改變。杯數變多，萃取時間就會拉長，因此沖煮時必須考慮到這一點，減少每一杯咖啡的咖啡粉用量，或是使用顆粒較大的咖啡粉，或是改用過濾速度快（洞孔面積大）的滴濾杯。相反地，杯數少的話，可增加咖啡粉的用量、使用顆粒較細的咖啡粉，或是改用過濾速度慢（洞孔面積小）的滴濾杯，較能夠維持穩定的咖啡品質。另外還有一種方式是奢侈地使用兩張濾紙減緩過濾速度。但是，使用顆粒較細的咖啡粉必須小心，顆粒小的咖啡粉較容易萃取出咖啡成分，如果使用濾紙滴濾法，萃取時間較長，就會更容易萃取出咖啡成分，導致苦味成分被大量萃取出來。

我個人的祕訣是，採用濾紙滴濾法時，使用大量的粗磨咖啡粉短時間沖煮，就能夠輕鬆煮出好喝的咖啡。因為短時間沖煮粗磨咖啡粉可減少苦味成分。但是這樣又會讓咖啡的味道變淡，因此以增加咖啡粉的分量可彌補這一點。在習慣之前，很難穩定咖啡濃度，因此為了減少味道不均的情況發生，我建議咖啡煮濃一點，試喝之後再以熱水補足所需的分量，這種微調方式可讓咖啡的味道更穩定。

Q30 法蘭絨滴濾法的特徵與沖煮訣竅

法蘭絨滴濾法是濾紙滴濾法普及之前，一般常用的方式。以法蘭絨（單面有毛的布）代替濾紙和滴濾杯使用，萃取原理和濾紙滴濾法相同，不過過濾速度比濾紙快是一大特色。也因此一次要沖煮大量咖啡時，法蘭絨滴濾法較不易發生萃取時間太長的問題，相當適合大量萃取使用。另外，想要沖煮少量咖啡時，此法的熱水注入方式很容易改變咖啡的味道，因此使用這種方法可展現萃取技巧。

法蘭絨的網眼沒有濾紙細小，因此較容易萃取出更多的咖啡成分。比方說，濾紙會擋住脂質，因此濾紙滴濾法的咖啡裡不會有脂質，而法蘭絨滴濾法的咖啡則有。法蘭絨滴濾法咖啡的魅力在於擁有與濾紙滴濾法咖啡不同的獨特濃郁感。

打開早期的咖啡書，你會看到各式各樣的法蘭絨滴濾法論點。法蘭絨有毛的那一面要擺在內側或外側、布料的剪裁該怎麼做、怎麼縫，諸如此類。我也試過許多方法，這是相當冷門且有趣的世界，而我認為這也是法蘭絨滴濾法的魅力之一。

法蘭絨的保養很重要。為了去除剛做好的法蘭絨上頭的殘膠，必須先煮沸過一次。另外，使用完畢後，丟掉法蘭絨上的咖啡渣，不使用清潔劑直接水洗，保存時必須避免乾燥（水洗過後直接裝入塑膠袋或是泡水）。我曾經失敗過幾次，法蘭絨如果乾燥的話，殘留在布上的咖啡成分就會變質發臭，而無法再次使用。

法蘭絨用久了，網眼會漸漸塞住，減慢過濾的速度，因此平常就要注意觀察咖啡滴濾的狀況。速度變慢的話，可改用粗磨咖啡粉，或是減少咖啡粉用量進行調整。咖啡味道變重的話，就是應該更換法蘭絨的訊號。

有毛那一面擺在內側容易使得網眼堵塞，因此我習慣將有毛的一面擺在外側。

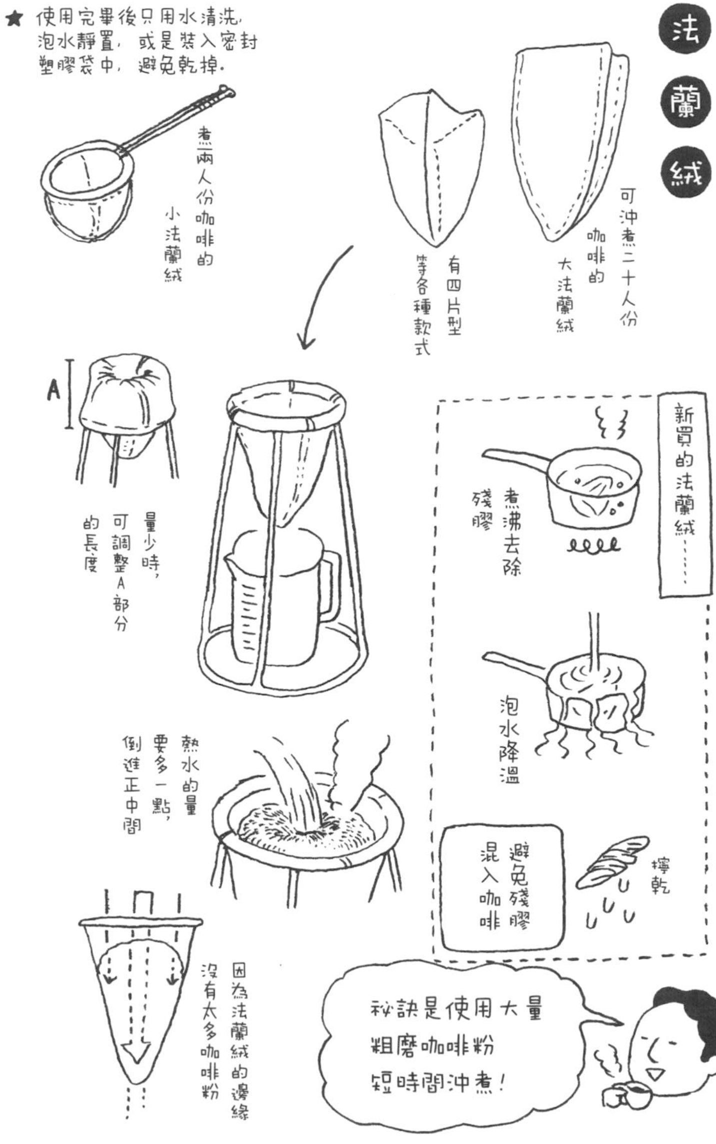
法蘭絨
★ 使用完畢後只用水清洗，泡水靜置，或是裝入密封塑膠袋中，避免乾掉。
煮兩人份咖啡的小法蘭絨
有四片型等各種款式
可沖煮二十人份咖啡的大法蘭絨
A
量少時，可調整A部分的長度
新買的法蘭絨……
煮沸去除殘膠
泡水降溫
擰乾
避免殘膠混入咖啡
熱水的量要多一點，倒進正中間
因為法蘭絨的邊緣沒有太多咖啡粉
秘訣是使用大量粗磨咖啡粉短時間沖煮！

Q31 法式濾壓壺的萃取原理與沖煮訣竅

法式濾壓壺（咖啡濾壓壺）是由圓筒型容器與用來分離咖啡粉的金屬濾網（附按壓軸）所組成。將磨好的咖啡粉放入容器中，注入熱水，靜置一段時間後推下金屬濾網，將咖啡粉壓到容器底部，與咖啡液分開。這項工具的清洗比較費事，不過用法簡單且難度低。

法式濾壓壺是浸漬萃取法最具代表性的工具。此法的特徵就是容易決定、變更熱水與咖啡粉接觸的時間。也就是較容易控制咖啡的味道。因此十分推薦給想創造個人風味的人使用。

手邊沒有法式濾壓壺也可使用浸漬法萃取。比方說，將量好分量的咖啡粉裝進馬克杯中，注入熱水，攪拌一下，等時間到了，再以濾紙滴濾法的濾紙和滴濾杯等過濾即可（當然也可不過濾，不過這樣會喝到咖啡粉，而且咖啡泡久了味道會變得更濃）。此時只要固定咖啡粉的研磨程

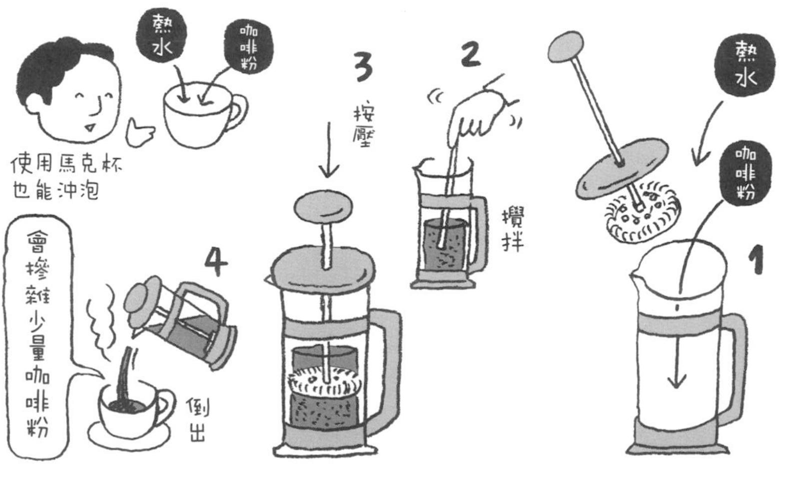

度、咖啡粉的使用量（以量匙計算）、熱水溫度（水壺煮沸、熄火後等了幾分鐘注水）、熱水分量（每次均使用同一只馬克杯，並固定注水高度）、從熱水注入到過濾所花的時間，就能夠每次都創造同樣的味道。另外，想要改變味道時也容易調整；想要減輕咖啡味道的話，可減少咖啡粉用量、磨成較粗的顆粒、延長沸騰、熄火到注水為止的時間（降低熱水溫度）、縮短注入熱水到過濾所花的時間，以上任選一種方式進行。相反地，想要增強咖啡味道的話，可增加咖啡粉、磨成較細的顆粒、提高熱水溫度、延長時間等，以上任一方式進行。

Q32 塞風壺的萃取原理與沖煮訣竅

塞風壺是利用燒瓶內水蒸氣加熱膨脹的原理把熱水往上推，讓熱水接觸到漏斗內的咖啡粉，進而開始萃取成分。結束時熄火即可。熄火後，膨脹的水蒸氣因冷卻開始收縮，就會把漏斗內的咖啡拉進燒瓶裡，而咖啡的殘渣則會被漏斗底部的濾網擋住。

塞風壺最能夠煮出味道穩定的咖啡。只要固定咖啡粉的顆粒大小和用量，注意熱水用量和萃取時間（咖啡粉與熱水接觸的時間）即可。熱水用量根據燒瓶的水位而定，而萃取時間的調整也只是哪個時間點熄火的問題而已，十分簡單。須注意的地方不多，而且能夠煮出簡單穩定味道，因此可說是最講究原料的萃取方式。

塞風壺加熱後，水蒸氣膨脹，把熱水

往上擠，溫度約為92度。熱水溫度一高，很容易煮出咖啡的苦味，因此往往會變成苦味明顯的熱咖啡。如果選錯原料，那麼即使改變咖啡粉的顆粒大小、咖啡粉用量、萃取時間等也無法如願萃取出理想味道的咖啡。

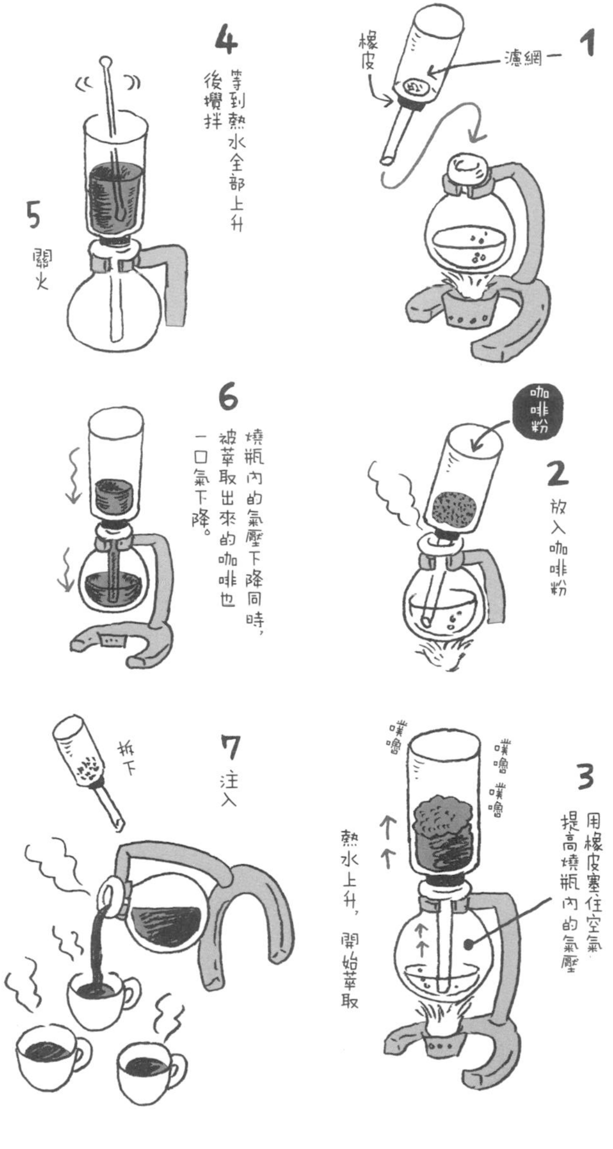
1
濾網
橡皮
2
放入咖啡粉
咖啡粉
3
用橡皮塞住空氣提高燒瓶內的氣壓
熱水上升，開始萃取
噗嚕
噗嚕 噗嚕
4
等到熱水全部上升後攪拌
5
關火
6
燒瓶內的氣壓下降同時，被萃取出來的咖啡也一口氣下降。
7
注入
拆下

塞風壺擁有其他萃取工具所沒有的魅力，那就是視覺效果。工具的形狀也很獨特，咖啡關火後瞬間過濾的模樣無論多少次也看不膩。最近愈來愈多人使用鹵素燈當熱源，燈光帶來的表演效果相當出色。我認為這也是創造咖啡美味的過程之一。

Q33 咖啡機的使用訣竅

在家沖煮咖啡時，我想一般人多半會使用咖啡機。一方面咖啡機價格不貴，使用簡單又方便，萃取原理則和滴濾杯等（Q23）相同。

我過去比較過各式機種，發現機械雖然方便，但不同機種將熱水滴進咖啡粉裡的穩定度也不同，因此沖煮時如果留意一下煮出來的咖啡濃度，你會發現味道明顯不均。因此購買前盡量多方嘗試比較妥當。無法試用的話，也可上網收集資料。

使用咖啡機萃取時，熱水溫度往往偏高。因為無法控制熱水溫度與注入熱水的方式，因此只能仰賴原料、咖啡粉的用量與研磨程度進行味道調整。感覺味道過重時，可改用烘焙程度較淺或研磨程度較粗的咖啡。

可能有許多人喜歡使用咖啡機的保溫功能，但如果你的目的是為了喝到好喝的咖啡，建議不要使用保溫功能。咖啡裡頭含有許多容易改變味道和香氣的成分，這些物質如果持續處於高溫環境下，會促進它們產生變化，光是保溫十分鐘，你應該就會發現咖啡的酸味、苦味、香氣質感已經改變。最近有愈來愈多人不是以加溫方式，而是改以保溫瓶保溫。最好的方式當然是現煮現喝，但如果必須保溫的話，應該盡量選擇不會加熱的保溫瓶較佳。

我個人不太喜歡使用咖啡機。如果手邊有電動磨豆機，熱水煮滾後也不需要太多時間煮咖啡。使用咖啡機等於把打造咖啡風味的最後幾分鐘交給了機器進行，實在可惜。習慣之後，手沖咖啡也不會太困難，然而這幾分鐘的煮咖啡時間卻能夠帶來莫大的樂趣。

使用咖啡機的保溫功能而使咖啡變酸的原因是……
隨時間經過
奎
奎
奎
奎寧酸的結構會散開

Q34 咖啡液乾淨透明表示咖啡很美味嗎？

一般常說咖啡液乾淨透明是美味的證據，或說不夠透明的咖啡液代表咖啡原料不好或沖煮方式不正確，或說對身體不好云云。這些是真的嗎？經過濾紙過濾的咖啡液照理說應該透明才對，但有時也會看到混濁或表面浮著一層油。

出現浮油的原因之一是器具不乾淨。不是咖啡本身的問題，而是附著在器具上的髒東西被熱水沖出後混入咖啡的緣故。器具的保養也是煮出美味咖啡的要素之一，因此希望大家要注意器具的清潔，避免損及咖啡的美味。

至於咖啡液混濁則是成分所造成。咖啡裡包含的各種物質不一定皆容易溶解在熱水中。有些物質易溶解在冷水或熱水中，有些則是水溫一上升就很容易會溶解出來。造成混濁問題的正是後者。杯中的咖啡溫度會逐漸下降，因此剛開始原本會溶解的物質因為溫度下降而逐漸無法溶解，這就是混濁的原因。

另外，咖啡成分之中有些很容易與其他成分結合。最具代表性的就是咖啡因和綠原酸類。一旦咖啡因和綠原酸類在咖啡中結合，就會變得不易溶解，這也是造成咖啡混濁的原因。這種混濁情況容易發生在含有許多原因物質，也就是咖啡因和綠原酸類的咖啡上。舉例來說，一般視為次級品的剛果種咖啡所含的咖啡因、綠原酸比阿拉比卡種更多，因此綜合咖啡中的剛果種咖啡比例較多時，就很容易變得混濁。但是，一般人眼裡品質很高的阿拉比卡種之中，也有一種咖啡含有很高比例的綠原酸類，因此不能說原料差的咖啡就會混濁。此外，綠原酸類的含有比例會隨著烘焙程度愈深而遞減，因此淺度烘焙的咖啡也很容易混濁。

混濁的成因也與個人習慣有關，不見得都是原料差或是萃取技術不佳的緣故。

再者，我也沒有看過有相關的醫學報告可以證明混濁的咖啡對身體不好。

Q35 濃縮咖啡機的萃取原理

濃縮咖啡機是在一個世紀前才發明的新式萃取法，最近幾年在日本迅速普及。日本興起的濃縮咖啡風潮屬於使用深度烘焙咖啡豆的西雅圖式，不過在濃縮咖啡的發源地義大利，烘焙程度則較西雅圖式的淺。

濃縮咖啡機的萃取原理與滴濾式等不同。一般常說「九個大氣壓、九十度、三十秒」，由此可知濃縮咖啡機的萃取方式是用高溫（九十度左右）的熱水施以高壓（約九個大氣壓），在短時間內（約三十秒）萃取出少量（約三十毫升）且濃郁的咖啡。高溫、高壓的熱水滲入咖啡粉內部，溶解出咖啡的成分，因此能夠比其他只溶出咖啡粉表面成分的萃取方式更快萃取完成。

有細緻泡沫覆蓋表面也是濃縮咖啡的特色之一。這個由蛋白質和多醣類形成的泡沫稱為「咖啡脂（Crema）」。咖啡脂的工作就是將濃縮咖啡的香氣鎖在杯中。

決定濃縮咖啡風味好壞的是咖啡粉的用量、顆粒大小及裝填方式。對咖啡粉施以的壓力如果正確，只要大約三十秒就能夠萃取出三十毫升左右的濃縮咖啡，但如果咖啡粉用量太少，或是顆粒太粗，或是裝填不夠緊實，施壓後壓力隨即流失，咖啡會因為萃取時間短暫而風味單薄。這種時候咖啡脂一下子就會消失了。相反地，如果咖啡粉用量過多、顆粒太小或裝填太過緊實，咖啡液會遲遲流不出來，這種時候就會煮出咖啡脂很大且伴隨強烈澀味的濃縮咖啡。

想要維持萃取穩定，咖啡粉用量和裝填方式必須固定，或是適度調整咖啡粉的顆粒大小。可節省時間的膠囊咖啡（將一杯量的咖啡粉扎實塞在容器裡）也逐漸普及。使用膠囊咖啡或許缺乏現磨咖啡豆的風味，不過人人均可輕鬆正確地煮出濃縮咖啡。

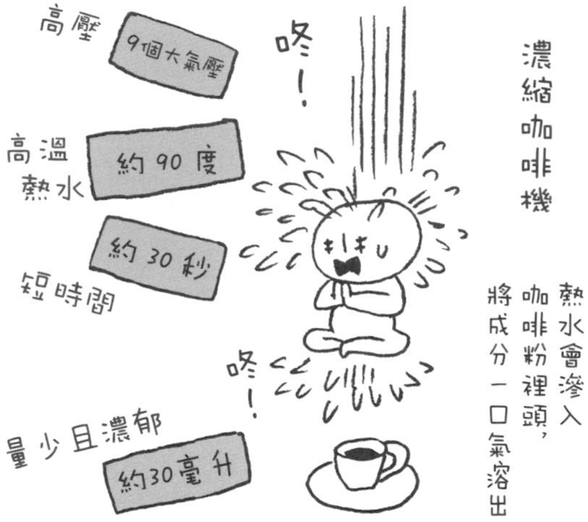

Q36 一般家庭也能煮出專家水準的義式濃縮咖啡嗎？

家用濃縮咖啡機之中，還有一種稱為「摩卡壺」。摩卡壺是將咖啡粉裝在密封容器裡，讓沸騰的熱水通過咖啡粉，藉此萃取出咖啡成分。摩卡壺使用濃縮咖啡機用的細磨咖啡粉，裝在濃縮咖啡機使用的濾網中以高溫熱水沖煮，因此煮出來的咖啡一般也稱為濃縮咖啡。不過施在咖啡粉上的壓力只有一・五個大氣壓，非常低，與濃縮咖啡機的萃取原理不同，沖煮方式事實上比較接近塞風壺。前面在滴濾法中也曾經提過，咖啡粉太細或是熱水溫度過高的話，咖啡味道都會變厚重，而摩卡壺使用超過一百度的熱水接觸細磨咖啡粉，因此煮出來的咖啡味道往往非常厚重，比較適合加入牛奶飲用。

最近坊間也有愈來愈多家用小型濃縮咖啡機。壓力不太高的機種則可看作是摩卡壺。至於能施以九個大氣壓的機種，則可以煮出還算正統的濃縮咖啡。但是這種

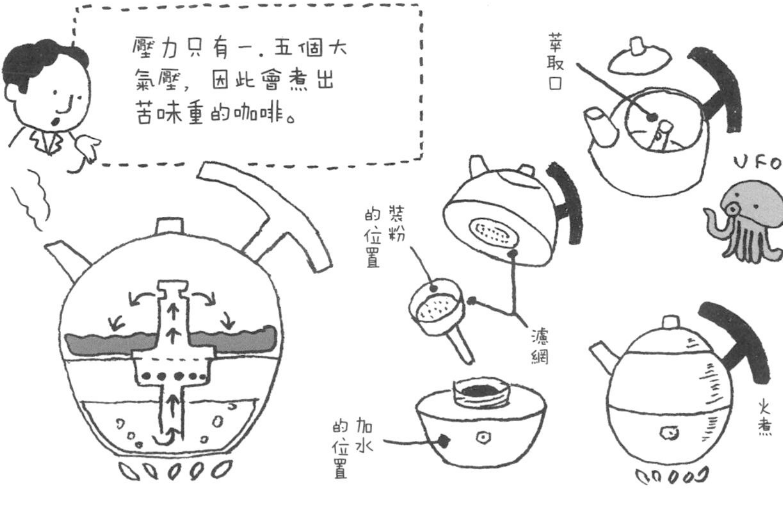

機型與專業人士使用的機型不同，鍋爐比較小，因此很難連續沖煮。

Q37 冰滴咖啡的萃取原理

一如字面所示，冰滴咖啡是不使用熱水而用冷水沖煮的咖啡。能夠溶解在熱水中的咖啡成分多少也能夠溶解在冷水中，因此冷水也可以泡咖啡。只是溶出過程很花時間，必須花上幾小時到數十小時的時間慢慢浸泡。

冰滴咖啡的特徵是味道很溫醇。因為會造成味道過重的苦味成分以及有些香氣成分不容易溶入冷水中，因此如果你講究咖啡香氣，就不適合使用冰滴萃取法。

也可以使用化學用品專賣店販售的實驗用玻璃容器煮冰滴咖啡。將燒瓶的軟木塞調整成冷水能夠一滴一滴流下，讓冷水落在厚度約數十公分的咖啡粉上。一滴滴落下的冷水緩緩穿過咖啡粉層，逐漸變成褐色的過程，也充分展現視覺上的效果。

冰滴咖啡在家也能煮。價格雖然有點貴，不過坊間有販售專業工具的家用縮小版。但是因為冷水無法均勻分佈在咖啡粉上，因此容易萃取不均，只要在咖啡粉上擺一張濾紙，就能夠萃取得很均勻。

另外，即使沒有專業工具也能夠煮出冰滴咖啡。可利用法式濾壓壺，或用鍋子、馬克杯等。裝入咖啡粉，裝了冷水後，剩下的就是等待。煮出適當濃度再以濾紙過濾就完成了。

冷水
咖啡粉
過濾
倒入
簡單到連外星人也嚇一跳

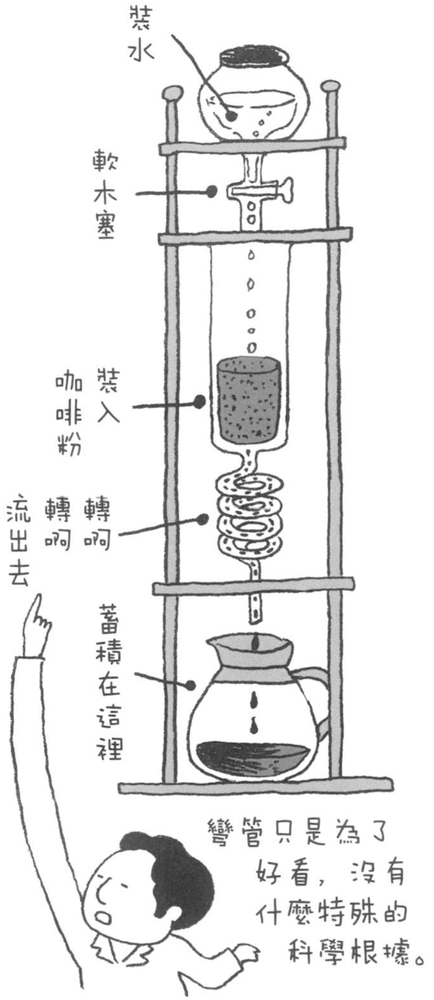
裝水
軟木塞
裝入咖啡粉
轉啊轉啊流出去
蓄積在這裡
彎管只是為了好看，沒有什麼特殊的科學根據。

Q38 冰咖啡的製作訣竅

冰咖啡的普及始於九〇年代初期，當時為了避免咖啡的銷量一到夏天就滑落，因此大力宣傳冰咖啡。電影《羅馬假期》中，葛雷哥萊・畢克（Gregory Peck）飾演的報社記者點了一杯「Cold coffee」的場景令人印象深刻。日本直到大正時代（一九一二～一九二六年）才有冰咖啡。現在冰咖啡的銷售還是以夏天為主，但一整年都可以喝到冰咖啡。

沖煮冰咖啡時必須注意的就是味覺的溫度特性。溫度會改變我們對於味覺的強弱感受。我所屬的公司以員工和顧客為對象進行味覺感受程度的測試，得到的結果是冰涼時較不易感覺到甜味和苦味，反而變得較容易感覺出酸味。正因為溫度會改變酸味和苦味的感受，因此打造冰咖啡味道的方式必須有別於熱咖啡。一般都是使用烘焙程度較熱咖啡深的咖啡豆，或是使

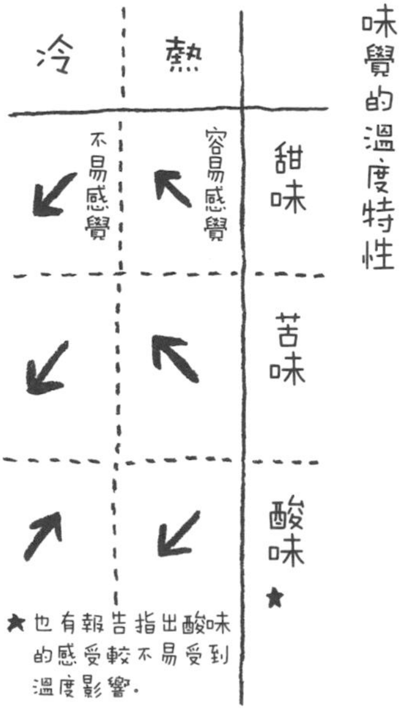

用剛果種比例較高的綜合咖啡，藉此減少酸味，增強苦味。

　使用熱水萃取時，一般做法是將咖啡泡得比平常更濃，再讓咖啡液滴落在冰塊上直接急速冷卻，同時降低濃度。當然也可以做成冰滴咖啡。

　冰咖啡的優點就是因為溫度低，所以風味較持久。放入冰箱保存的話，不論過了幾小時都能夠維持它的美味。

Q39 研磨咖啡豆的目的及咖啡粉粗細種類與主要用途為何？

　之所以將咖啡豆磨成粉後才使用，是為了更容易萃取出咖啡豆裡的成分。磨豆子可讓咖啡豆的表面積增加上千倍，如此一來才能在短短幾分鐘之內煮好咖啡。

　咖啡豆應該研磨到何種顆粒大小，可藉由轉動磨豆機轉盤決定。關於咖啡粉的顆粒大小，其中一類標準是與全日本咖啡公平交易協議會提供的砂糖做比較。粗度研磨指的是顆粒大過粗砂糖。中度研磨是白砂糖的程度，細度研磨的大小則介於白

◆研磨方式與咖啡粉的顆粒大小

粗度研磨	粗砂糖以上
中度研磨	白砂糖的程度
中細度研磨	中度和細度之間
細度研磨	白砂糖和細砂糖之間
極細度研磨	比細度研磨更細

根據全日本咖啡公平交易協議會「研磨方式的標準」製表。

砂糖和細砂糖之間。中細度研磨的大小是介於中度研磨和細度研磨之間。極細度研磨則是指比細度研磨更細的程度。

咖啡粉的顆粒大小會影響到萃取出來的成分及過濾速度。也就是說，每個工具和萃取方式，都有適合的咖啡粉顆粒大小。極細度研磨主要用於濃縮咖啡機。細度研磨則常使用於簡易的萃取類型（掛耳式咖啡包裡的咖啡粉）。中細度研磨到中度烘焙用於濾紙滴濾法和塞風壺，粗度研磨則多半建議用於法式濾壓壺。

Q40 研磨咖啡豆的訣竅

在家研磨咖啡豆最大的好處就是豆子磨好就能立刻使用。我總是準備好工具，等熱水煮沸之後才開始磨豆子。

磨好的咖啡粉顆粒大小會改變咖啡成分出現的狀況和過濾速度，嚴重影響風味，因此如何研磨很重要。最理想的做法是研磨均勻及每次都以同樣方式研磨，但是這兩點皆很難做到，必須使用精確度非常高的昂貴磨豆機，或是必須篩過磨好的咖啡粉。

在家裡研磨咖啡豆時，應該盡量避免製造微粉（非常細的咖啡粉。萃取原理不同的濃縮咖啡則另當別論），主要原因是假設咖啡粉等量，顆粒愈細則表面積愈大，這樣會嚴重影響到咖啡的濃度。第二個主因是咖啡粉的顆粒愈細，過濾速度愈遲緩，往往必須花上更多時間萃取。第三個主因是咖啡粉顆粒愈細，容易溶出許多不希望大量出現的成分，而且還往往不易控制釋出的量。事實上微粉含量愈多，咖啡的味道也會變得愈厚重。

磨豆機不同，產生的微粉量也不同。首先必須知道使用的磨豆機會產生多少微粉。試著以平常的方式磨咖啡豆，接著用濾茶葉或製作甜點的篩子篩掉微粉。除掉微粉後泡出來的咖啡明顯不同，因此各位應該要重視微粉問題。

比如說，如果有一台可以調整咖啡粉顆粒大小的磨豆機，先將研磨程度設定為略粗，試著研磨一次看看。這樣可以減少微粉量，但咖啡粉顆粒會變得較粗，不易煮出咖啡成分，因此必須增加咖啡豆的用量才行。如果磨豆機無法調整研磨程度，或者是調成較粗顆粒也無法大量減少微粉量時，可使用濾茶器或篩子輕鬆篩掉微粉。

另外，去掉微粉後，清理上也方便。微粉累積在磨豆機裡會影響到研磨方式，而且微粉容易劣化帶來異味。

挑選優質的磨豆機就能夠更方便地品嘗到美味的咖啡。從Q41起，我們將仔細談談磨豆機。

Q41 磨豆機有哪些種類？

咖啡豆專用的磨豆機有：手動研磨一杯咖啡所需之咖啡豆的類型、一小時能夠研磨一噸以上咖啡豆的大型機種等，應有盡有。磨豆機的特性取決於構造，因此以下按照構造，將本書中出現的磨豆機分門別類。

磨豆機根據研磨構造可分為滾筒式磨豆機、碾磨式磨豆機、圓錐式磨豆機、螺旋刀刃磨豆機四種。

滾筒式磨豆機有一對旋轉滾筒（滾筒表面成鋸齒狀），改變滾筒的間距就能夠調整咖啡粉的顆粒大小。

碾磨式磨豆機與圓錐式磨豆機則是由一個轉動的齒輪（旋轉輪）和一個固定的齒輪（固定輪）構成。使用轉盤或調整螺絲轉動旋轉輪，改變齒輪之間的間距，就

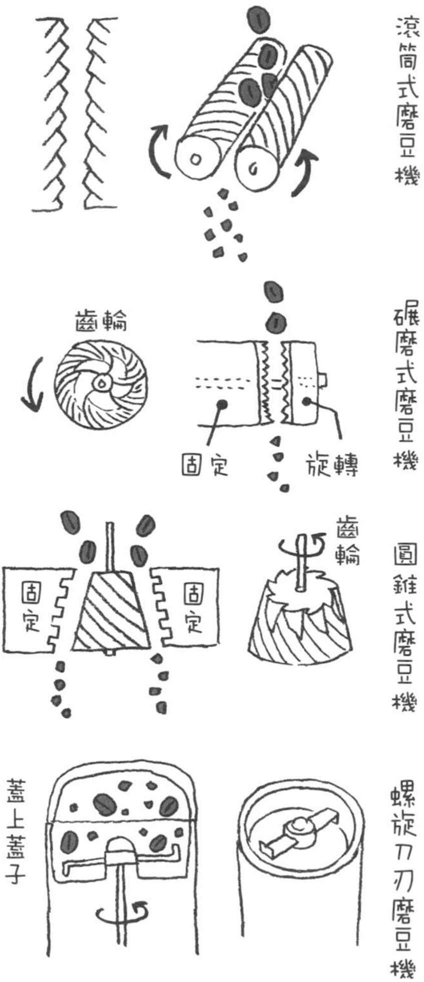

能夠調整咖啡粉顆粒的大小。

碾磨式磨豆機的齒輪是扁平式，圓錐式磨豆機的齒輪則是圓錐式。

螺旋刀刃磨豆機有個會旋轉的金屬扇葉，利用旋轉的衝力打碎咖啡豆。螺旋刀刃磨豆機無法調整咖啡顆粒的大小，只能夠根據轉動時花費的時間，大致決定顆粒大小。

關於各式磨豆機的特徵，將在下一題仔細說明。

Q42 滾筒式磨豆機的特徵與使用訣竅

滾筒式磨豆機的特徵就是可快速、均勻打碎咖啡豆，而且打碎咖啡豆時產生的摩擦熱相對較少。滾筒式磨豆機適合當作工業用機型，方便一個小時打碎一噸以上的咖啡豆。

不同廠牌滾筒式磨豆機的齒輪形狀也不同，所以咖啡粉形狀也會因此而改變（有的是長方體，有的是球體），或是相同重量的咖啡粉體積卻不同。不過，各家廠牌的滾筒式磨豆機都能夠快速打碎咖啡

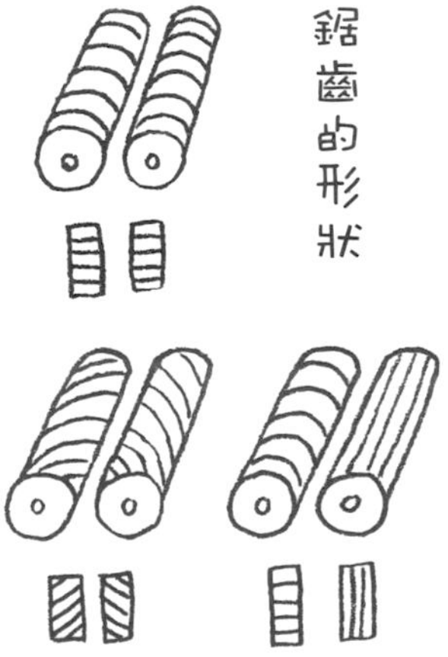

豆，而且咖啡粉顆粒的均勻程度是其他類型磨豆機無法相比。

滾筒式磨豆機在研磨過程中會將咖啡豆與銀皮分開。銀皮是包裹生豆的外皮，部分嵌在生豆內，因此直到打碎之前都無法取下。有的機種可以回收這些銀皮，製造出沒有銀皮的咖啡粉，有的會在最後將分離出來的銀皮混入咖啡粉中。銀皮究竟會不會影響味道，眾說紛紜，我認為無論選擇哪一種，對於咖啡的風味都不會有太大的影響。因為透過人力或機器分析風味就會發現有無銀皮不會出現太大差異。銀皮的成分雖然與咖啡粉不同，不過銀皮量少，不至於影響到味道。

銀皮：咖啡豆表面的薄皮。類似花生的外皮。

將烘培好的咖啡豆放入篩子篩掉銀皮。

滾筒式磨豆機適合進行大量研磨，但使用時有些地方必須注意。第一點是長時間研磨時必須進行微調。雖說此類型較少產生摩擦熱，但如果連續研磨三十分鐘，滾筒之間的距離會稍微改變。第二點是必須控管研磨的速度。送入咖啡豆的速度一提高，咖啡粉就會變得不均勻（顆粒大小不均）。如果重視均勻與否的話，最好將速度上限設定為廠商建議速度的百分之七十、八十左右即可。

最近有愈來愈多咖啡專賣店和咖啡豆專賣店以滾筒式磨豆機當作業務用機。此款的確是理想的磨豆機，不過咖啡豆專賣店不會長時間研磨，因此不會有摩擦熱的問題，再加上這種磨豆機的價格昂貴，所以不推薦各位使用。雖然碾磨式磨豆機會出現咖啡粉顆粒不夠均勻的情況，不過應該足以應付各種狀況。

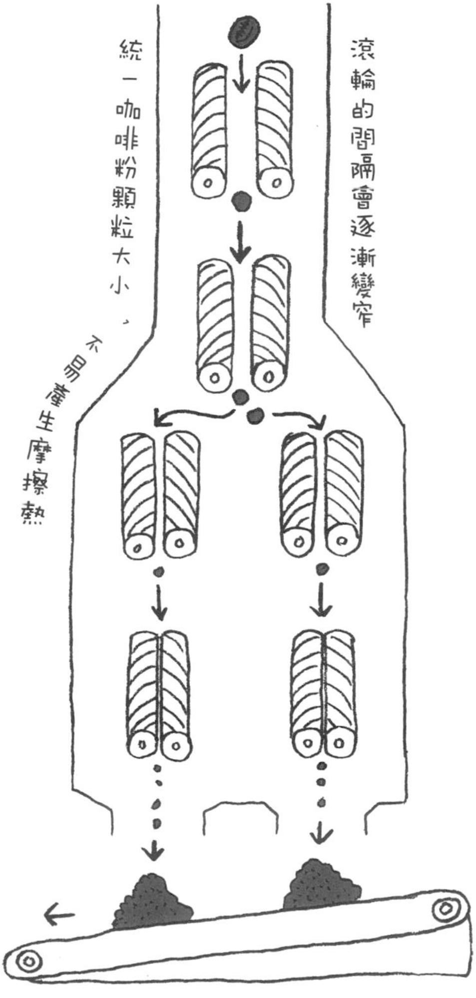
滾輪的間隔會逐漸變窄
統一咖啡粉顆粒大小，
不易產生摩擦熱

Q43 碾磨式磨豆機的特徵與使用訣竅

碾磨式磨豆機是開店、家用都很普及的電動磨豆機，也是店家使用的類型之中最普及的一款。

碾磨式磨豆機的齒輪有陶瓷製和金屬製兩種。金屬製的齒輪又分成鑄造磨圓的類型，以及特殊加工削尖的類型。不同齒輪磨出來的咖啡粉，顆粒形狀和均勻程度（顆粒大小）也不同。另外，碾磨式磨豆機的齒輪有縱向和橫向兩種類型，這點也會影響到咖啡粉顆粒的形狀與均勻程度。

碾磨式磨豆機有許多不同廠商製造的品牌，齒輪材質、形狀、組合位置也各有不同，因此不同產品會製造出差異甚大的咖啡粉顆粒形狀和均勻程度。比較家用款式和商業用款式可發現，商業用款式價格較高、較耐用、研磨速度較快。不過，根據目前我收集的各種產品資料顯示，兩者在咖啡粉顆粒的均勻程度上沒有太大差異，而且齒輪位置的影響似乎比較大。感覺上橫向齒輪機種會產生較多微粉。

談論到碾磨式磨豆機時，一般會分成齒輪偏圓的石臼型，以及齒輪銳利的利刃型，並且往往認為利刃型的摩擦熱比石臼型來得少，因此比較好，這只是道聽塗說。改變齒輪的形狀的確會影響風味，但是一般認為這是咖啡粉顆粒的均勻程度不同所造成。均勻程度改變，咖啡粉的表面積也會改變，而香氣強度及煮出來的咖啡濃度當然也會跟著改變。比較磨豆機時，假如咖啡粉的表面積沒有統一，自然無從比較起。不能只根據目測認為顆粒大小差不多，就認為它們的表面積相同。在這種狀態下進行比較，並且以摩擦熱一句話否定石臼型磨豆機的風味，為免有些不合理。

以我個人來說，只要沒有連續磨豆超過十分鐘就無須考慮摩擦熱的影響。因為只要咖啡粉的表面積相同，煮出來的咖啡也會有相同的特性，且看不出香氣成分上的差異。

Q44 圓錐式磨豆機的特徵與使用訣竅

圓錐式磨豆機分為手動和電動兩種類型。

手動

轉動把手研磨咖啡豆，這就是家用手動圓錐式磨豆機的魅力所在，具有電動磨豆機缺乏的美感。研磨過程雖然花時間，不過一邊研磨一邊聞著咖啡香氣，也是享受咖啡美味的過程之一。

根據我的經驗，磨豆機的軸部構造不同會影響到咖啡粉顆粒的均勻程度（顆粒大小）。相較於軸部固定在上下兩處地方的機種，只固定在上方一處的磨豆機磨出來的咖啡粉顆粒比較不均勻。在日本，最

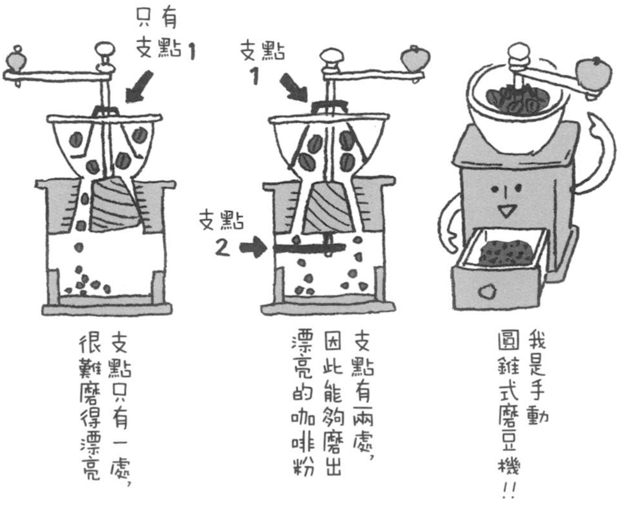
我是手動
圓錐式磨豆機!!
支點1
支點2
支點有兩處，
因此能夠磨出
漂亮的咖啡粉
只有
支點1
支點只有一處，
很難磨得漂亮

近市面上只買得到後者，前者似乎只有國外廠商生產。雖說顆粒大小對於味道的影響不算大，不過總覺得有點可惜。另外，同一台磨豆機只要改變轉動把手的速度，就會改變咖啡粉顆粒的均勻程度。想要永保美味的話，或許最好保持固定速度研磨咖啡豆。

電動

圓錐式磨豆機的特徵是設定研磨程度的零件是轉盤式，不是旋鈕式，因此可自由調整研磨程度。因為有這項特徵，因此電動圓錐式磨豆機經常用來研磨濃縮咖啡需要的咖啡粉。濃縮咖啡的味道會直接受到萃取過程的施壓方式影響，而咖啡粉的顆粒大小、形狀則是改變施壓方式最大的主因，因此濃縮咖啡的萃取方式很容易受到咖啡粉狀態的影響，相當敏感。

最近因為坊間流行濃縮咖啡，家用、商業用濃縮咖啡機也因此而普及，經常可見到旋轉圈數縮減到只有碾磨式磨豆機一半的商品。

Q45 螺旋刀刃磨豆機的特徵與使用訣竅

螺旋刀刃磨豆機也稱為螺旋槳磨豆機，是一般家庭經常使用的小型電動磨豆機，為電動磨豆機中最便宜的類型，功能一應俱全，也最容易清理，不過無法設定研磨程度是最大缺點。此外它磨出來的咖啡粉顆粒不均，出現幾乎沒有磨的豆子碎塊與磨過頭的微粉比例也比其他類型磨豆機多上許多。不同製造商製造的螺旋刀刃形狀有些不同，不過同樣都會出現研磨不均的情況，表示這顯然不是螺旋刀的形狀所導致，因此咖啡專家多半不推薦這類磨豆機。只要多花一些成本，就能買到穩定又研磨均勻的碾磨式磨豆機，無須委曲求全。

此類磨豆機可透過改變使用方式改善些許缺點。我認為發揮其最大功效的方式有兩種，第一種是一邊搖晃一邊研磨。可大幅提昇顆粒的均勻程度（不過還是比不上碾磨式磨豆機和圓錐式磨豆機）。第二種是去除微粉。研磨好的咖啡粉可用製作甜點的篩子或濾茶器輕輕篩過。大量微粉會破壞咖啡的風味，只要減少微粉就會改變咖啡的味道。

這類磨豆機不具備設定研磨程度的功能，因此很難每次都磨出相同大小的咖啡顆粒。但如果不要求每次都煮出同樣味道的咖啡，也可考慮選擇此類型。磨豆機是

能夠長久使用的東西，因此我認為最好應該購買碾磨式或圓錐式磨豆機，不過螺旋刀刃式磨豆機磨出的咖啡粉，還是有機會煮出好咖啡。

Q46 想要買磨豆機的話，應該挑選哪一種類型呢？

消費者有時會問我這個問題，而我也最喜歡聽到這個問題，因為這表示大家都知道煮出好咖啡的最大關鍵就是現磨。目前市面上有七成賣的都是咖啡粉，我希望將來有一天能夠變成七成賣的是咖啡豆。畢竟優質咖啡的優點如果在沖煮之前就全部消失的話，未免太可惜了。

挑選磨豆機時必須考慮的重點是預算、用途、目的、使用頻率、大小、清理方便與否等。預算較少的話，可考慮手動圓錐式磨豆機或螺旋刀刃磨豆機。手動圓錐式磨豆機的功能俱全，咖啡粉顆粒均勻，只是研磨時比較花時間。螺旋刀刃磨豆機的功能也很多，清理也方便，研磨不花時間，只是咖啡粉不均勻，因此很難維持咖啡味道穩定。

預算充足的話，可考慮電動圓錐式磨豆機、碾磨式磨豆機。電動圓錐式磨豆機與碾磨式磨豆機之中，有些價格可以買兩台螺旋刀刃磨豆機，有些甚至還要貴上一倍。各產品的清理難易度與咖啡粉顆粒均勻程度不同，因此強烈建議必須事前試用（親切的店家會願意提供試用），或是上網找找使用者的感想等。最容易出現問題的就是顆粒均勻程度，有些產品（特別是便宜的款式）容易產生大量微粉，破壞咖啡的味道。這也是許多人踢到鐵板的關鍵。我自己也有過同樣經驗。為了想喝好喝的咖啡而特地買了磨豆機，卻因為忽略這一點而煮不出好喝的咖啡，簡直是賠了夫人又折兵。

也曾經有專業人士問過我同樣問題。如果是咖啡豆專賣店或咖啡館，應該從碾磨式磨豆機當中挑選。這種時候必須注意研磨速度，避免帶給顧客壓力。此外，保養是否方便也是考慮的重點之一，因為有些商品的清理、零件更換很花時間。在選擇商業用的濃縮咖啡機時，可以考慮購買可磨出極細度咖啡粉的專業圓錐式磨豆機。濃縮咖啡使用的磨豆機，我認為最好要事前充分確認過，因為濃縮咖啡的味道會直接受到咖啡粉形狀的微妙差異及顆粒大小影響。

Q47 保存咖啡的訣竅

咖啡豆和咖啡粉多半都是裝袋販售。在我看來，不管那是什麼材質，袋子還是袋子。對於氧氣和水蒸氣等微小物質來說，有些包裝材就像篩子一樣，這種「像篩子一樣」的特性，我輩專業人士稱之為「阻氣性（Gas barrier）低」。

想要長期保存咖啡，首先必須選擇使用耐長期保存包裝的商品（參照Q74、Q75）。如果包裝無法去除氧氣和水分或是阻氣性低，咖啡就只要購買必要的分量，而且要盡早使用完畢，別考慮長期保存。購買咖啡豆而非咖啡粉也是一大重點（參照Q20）。

如果商品使用的是可去除氧氣和水分、阻氣性高的包裝材，只要直接放進冷凍庫，幾個月內都能夠確保鮮度。保存溫度愈低，效果愈佳。使用冷凍保存的咖啡時，必須等它完全恢復到常溫才可使用。只是保存溫度愈低的咖啡要恢復到常溫很花時間。冷凍保存的話，恢復到常溫的標準大約是三十分鐘。

那麼，如果在恢復常溫之前就開封的話，會發生什麼事呢？如果以平常的方式使用冷咖啡豆研磨、萃取，萃取溫度會比平常更低，咖啡味道會變淡，香氣會減弱。另外，袋子裡剩下的咖啡豆則會跟著劣化。因為打開冰冷的外包裝時會結霧，瞬間增加袋中咖啡豆的水分。打開袋子取出豆子又立刻封上開口——光是這樣也會增加一％的水分。原本打算長期保存，卻反而加速了咖啡豆的劣化。

大量採購的咖啡豆應該使用可耐長期保存的包裝袋分裝成小包。除了馬上就會使用的咖啡豆之外，其他的全部放入冰箱冷凍庫。第一包用完，再把第二包拿出冷凍庫退冰。咖啡豆不喜歡有紫外線的日光燈等環境，也不喜歡高溫的保存環境，因此開封後必須裝進密封容器，擺在常溫陰暗處保管，並且儘快使用完畢。

來杯咖啡休息一下3

何謂咖啡產業的永續發展？

最近經常聽到永續經營、永續發展等字眼。我認為咖啡業界的永續發展，就是維持有利於人類和其他動植物生存的環境，以及咖啡相關人士樂於持續彼此交流。守護培育咖啡的自然環境，也就是保護地球。而感受到這層意義的咖啡生產者也能夠從咖啡獲得喜悅，有了充實的社會保障，勞力也獲得等價的回饋，然後，咖啡帶來的喜悅成為生產動力，將會更進一步地提昇咖啡的品質。

以永續發展為宗旨的非政府組織，包括好咖啡認證（UTZ Certified Good Inside）、國際保育組織（Conservation International）、史密森候鳥中心（Smithsonian Migratory Bird Center）、國際公平貿易標籤組織（Fairtrade Labeling Organizations International）、熱帶雨林保育聯盟（Rainforest Alliance）等。這些組織認證的永續咖啡漸漸受到消費者接受，知名度也逐漸提昇。各位可先從了解這些非政府組織的理念和行動開始做起，前往各組織的網站或參加他們舉辦的各類活動也能夠收集到更多資訊。正確了解並具體行動，才能夠讓咖啡創造的幸福開始循環。

我的工作是將「一杯咖啡的價值」正確傳達給製造商及消費者，因此對我來說，永續發展也是很重要的概念。了解一杯咖啡從栽種到萃取所花費的時間與工夫，才能懂得賣出或購買一杯咖啡的價值。

4

咖啡的加工——生豆的處理、烘焙、混合、包裝

Q48 水分愈多的生豆愈新鮮？還是青草味愈重的生豆愈新鮮？

咖啡豆所含的成分之中，最常被誤解的就是水分了。我們經常聽到各種與水分有關的說法，比方說：「水分多＝新鮮」、「水分多＝生豆的青草味強」，還有「生豆的青草味強＝新鮮」，諸如此類。以上說法全都錯誤。

水分多＝新鮮？

假如生豆的水分只是單純持續減少的話，「水分多＝新鮮」這說法就沒錯，但事實上生豆的水分既會減少，也會增加。就和木材相同，生豆所處的環境濕度高的話，生豆就會吸濕，因此增加了水分。相反地，環境濕度低的話，生豆的水分就會減少。即使保存在同樣地方，遇上梅雨季節，生豆所含的水分就會增加，到了冬季就會減少。另外也與產地的影響有關。剛製作好的生豆水分含有率平均值會因為產地的不同而有三～四％的變動。

水分多＝生豆的青草味強？

關於這一點，如果拿剛精製完畢的生豆與同產地的生豆進行比較的話，某些程度上可當作標準。但是我想很少人能根據這個條件比較生豆。排除這項條件的話，就很難進行比較了。因為生豆的含水率會受到精製方式的影響，也會因為產地而不同。若是非洲的咖啡，含水率不到一〇％的生豆也會有青草味，不過若是中美洲的咖啡，生豆含水率低於十二～十三％，多半也不會明顯感受到青草味。

青草味強＝新鮮？

這個論點有破綻。如果A＝B，A＝C，所以B＝C——這個邏輯不成立。意思就像在說：早上會肚子餓，早上就要去上班，所以「肚子餓就要去上班」一樣。

水分並非直接影響咖啡味道的成分，另外，生豆的顏色也一樣。我認為人們太過在意這些因素。只因為這些次要因素就降低咖啡的品質評價，不是很可惜嗎？

Q49 生豆有沒有光澤會影響味道嗎？

生豆分為有蠟的亮澤豆子和沒有光澤的粗糙豆子。光澤是來自於生豆表面的蠟質。也就是說，光澤的有無是取決於生豆的組成，光澤的亮度則根據品種或產地而不同。另外，光澤也會受到精製過程的影響。一旦使用具有研磨功能的脫殼機，生豆會變得更有光澤。

完全沒有光澤的生豆可能是研磨過度，造成表面的蠟質流失，問題很可能出自產地的精製過程。

生豆有無光澤也會影響到烘焙豆的外觀，烘焙沒有光澤的生豆容易變成沒有光澤的霧面烘焙豆，也經常有顧客登門抗議這一點。但是無光澤咖啡豆與有光澤咖啡豆在會影響咖啡風味的主要成分上，幾乎一樣，極少造成風味的差異。

不管是販賣生豆或是烘焙豆，在店面銷售時，咖啡豆的外觀是很重要的因素，因此最好避免使用無光澤生豆。不過販售的如果是咖啡粉，就無須在意生豆是否有光澤了。

挑選生豆時應注意的關鍵是，必須配合銷售方式改變挑選方式。生豆有無光澤、顆粒大小等因素均與風味好壞無關。如果你打算磨成粉販賣，卻只以外觀判斷，而捨棄了風味絕佳的原料，實在可惜。

Q50 何謂新豆、老豆？

新豆是指當年採收的生豆。老豆是指將新豆靜置在溫度、濕度獲得控制的保存環境中，短則數年，長則數十年的生豆；而這個靜置過程就稱為「養豆」。生豆中含有的各種成分隨著時間愈長，逐漸出現各種變化。咖啡豆一經烘焙就會變成褐色，不過褐化反應無須加熱也會緩慢發生，因此長期靜置的生豆會逐漸失去綠色，變成淺褐色。

靜置生豆的做法在國外早期的文獻中也有出現，因此以生豆養豆並非日本特有的文化。但是，為什麼要經過養豆步驟呢？根據喜好老豆派的說法是因為靜置過程可以讓咖啡味道更溫和順口。靜置確實有這種效果。生豆中構成咖啡風味的糖、綠原酸類等物質會在養豆過程逐漸流失，理所當然味道會改變。

但是，若是生豆原本就缺乏個性，經過養豆步驟之後，往往會變成味道貧瘠的咖啡。因此一般認為較適合挑選個性強烈、在新豆狀態下味道過強的生豆來養豆。有些情況沒有實際養豆無法得知答案，也有些生豆因為養豆過程而失去風味，喪失了商品價值。

老豆可說是花費時間和勞力精挑細選出來、十分講究的咖啡豆。一般市面上流通的咖啡豆多半採收後不到一年就會出現獨特的舊米味，而老豆沒有這種令人不舒服的味道，又能夠享受溫醇的口感，相當不可思議。

話說回來，新豆與老豆哪一種比較好呢？新豆的特色是擁有獨特的新鮮香氣，味道鮮明。兩者可說正好是兩相對立的類型。因此無關好壞，完全是個人喜好的問題。我個人喜歡使用新豆，不過優質的老豆也有另一番美好。

Q51 生豆可以不經過清洗直接使用嗎？

生豆是以暴露在空氣中的狀態裝袋運送，的確不是很乾淨，有些生豆甚至泡在水裡，水會變得像泥水般混濁。

眼睛雖然看不見，不過如果檢驗附著在生豆上的微生物，就會發現每公克的生豆上約有一萬個細菌（這些當然無害）。這也不是什麼新鮮事。

但是生豆用不著清洗。大部分的灰塵在烘焙過程中就會掉落，多數微生物也會被烘焙的高溫殺死。

如果生豆清洗後才使用，反而有兩點必須注意。第一點是不可以泡水過久。泡水時間愈長，構成風味的重要成分會逐漸流失。第二點是必須讓生豆適度乾燥。乾燥的過程如果花太多時間，生豆會發黴；如果短時間內讓生豆過度乾燥的話，又會造成乾燥不均，導致烘焙失誤的情況發生。如果你無論如何都想要清洗生豆，我建議只要大略洗過、適度弄乾，並且儘快

使用。

另一方面，這麼說或許矛盾，不過我希望販賣咖啡的業者要記住生豆並非乾淨的東西。因為生豆及裝生豆的麻袋並不如烘焙豆成品那般乾淨。我想各位有機會在自家烘焙店等地方看到烘焙豆旁邊就堆著麻袋，或生豆暴露在空氣中的景象。店家這麼做或許是為了展示，但實在稱不上衛生。咖啡業界還沒有習慣把咖啡當作「食品」看待，不過我想這個觀念會逐漸改變。我相信沒有其他行業會直接徒手抓取顧客要放進嘴裡的商品，或是把食物擺在骯髒的物品旁邊。這是觀念問題，有時也會造成傷害。生豆和麻袋的灰塵也是造成過敏體質者出現搔癢等反應的原因。為了讓消費者能夠安心享用咖啡，業者必須更加細心。

Q52 生豆能夠長期保存嗎？是否有訣竅？

一般認為生豆的保存期限比烘焙豆長，甚至有業者主張「無論擺多久都能使用」。生豆之中的確有採收後擺了幾十年的老豆，因此我想生豆可以長期保存的說法並沒有錯。但是生豆的狀態會改變，因此各位必須注意以下幾點：

第一點是精製完成時的風味無法保留。構成咖啡風味的成分會在生豆裡逐漸改變。一方面是生豆中的酵素發生作用，一方面是成分也會產生化學變化。

第二點是保存環境會造成很大的影響。生豆成分改變的速度會受到環境溫度和濕度的影響。溫度一上升就會促使變化發生，溫度一下降就會抑制變化。比方說，存放在高溫多溼的產地、長時間擺在乾貨櫃（Dry container，沒有空調，溫濕度變化劇烈）裡，或是梅雨季節的多濕環境及夏季的酷暑，都會促使成分改變。為了避免這些環境變化，長時間維持新豆的最佳狀態，業者多半會採用冷藏貨櫃（Reefer container，有空調功能）運送，或者在日本則是儲存在恆溫倉庫中。這些方式都相當有效。

或許是一般認為溫度愈低愈好，因此有愈來愈多自家烘焙店一到夏天就把生豆存放在開著冷氣的房間裡。但是這麼做如果有一步出錯，就會毀了重要的生豆，必須小心。保持低濕度也很重要。潮濕溫暖的空氣跑入溫度比外頭低的房間裡，就會提高環境濕度，造成生豆含水量增加，生豆變軟或大量發黴。每年一到夏天，我就會收到許多詢問如：「生豆的樣子不對勁」、「味道很奇怪」云云。這些狀況的原因都相同。除了降低保存生豆的環境溫度之外，也必須注意濕度。

Q53
生豆要在哪裡買？購買時必須注意什麼？

有些地方可以買到生豆。如果你需要的用量較多，可以向進口商購買。用量較少的話，可向分裝業者購買以十公斤為單位的小包裝生豆。但是，有些大型進口商或分裝業者不願意販售給散客。如果只是個人自己家裡要用，用量不多的話，一般可在自家烘焙店或網路上購得。

我對烘焙咖啡豆產生興趣是在九〇年代，當時還是學生，鮮少有機會看到生豆，也幾乎沒有店家販售。現在無論是商業用或一般家用，都有許多選擇。老闆甚至會問你要選哪一種。

挑選採購商業用生豆的上游廠商時，判斷標準是價格、品項多寡、供貨能力、品質優劣、品質穩定度、促銷商品和資料等的附加價值。

選擇購買家用生豆的業者時，可觀察該店家的特色。除了價格和品質的差異之外，是否提供售後服務、品項是否豐富、是否專賣新豆等也包括在內。如果你的烘焙經驗不足，挑選樂意親切指導的店家是速成的捷徑。非新豆比新豆更容易烘焙。對於已經有相當烘焙經驗的人來說，挑選店家的判斷標準就是能否提供你喜歡的生豆、價格及生豆相關資訊是否充足等。

我自己也因為工作需要及個人興趣，從各式各樣的管道購買生豆。透過網路購買生豆時，尤其能夠感受到家用生豆市場不夠活絡。因為他們販售的多半都是怎麼烘焙也不會好喝的生豆。想要在家烘焙、打造出專屬於自己的味道，必須具備烘焙技術，但我認為也需要擁有挑選生豆的能力，而找到符合自己需求的店家就是最快的捷徑。

Q54 古代就喝烘焙過的咖啡嗎？

古人喝咖啡時，沒有經過烘焙，而是將咖啡豆煮成湯直接飲用。開始進行烘焙是到十五世紀之後的事。從此，咖啡成了聞名全世界的休閒飲料。

直到十八世紀為止，咖啡烘焙就像做菜一樣，是家庭主婦的工作之一。烘焙技術傳入歐洲時，許多料理研究家提出了各式各樣的咖啡烘焙理論。到了十九世紀之後，咖啡烘焙變成一種職業，也陸續出現了咖啡烘焙工廠。只不過當時的烘焙機產能非常低，因此還無法大量生產。

咖啡烘焙發展成工業要到二十世紀之後。為了提昇生產效率，必須增加每次的烘焙量，並且縮短每次的烘焙時間，但是直接加熱烘焙滾筒（放生豆的地方）的機種無法因應需求，火力太大就會烤焦或出現烘焙失誤等問題。為了解決這項問題，熱風式烘焙機因此問世。這種烘焙機讓熱源遠離烘焙滾筒，將熱源製造出的高溫熱風高速送入滾筒內，藉由這種方式就能夠短時間內完成烘焙，又不會烤焦咖啡豆或造成烘焙失誤。後來還更進一步開發出熱效能更高的烘焙機。

到了一九九〇年後期之後，烘焙機也在消費者之間普及。比方說，店家開始接

受消費者訂單、因應需求在店裡烘焙的客製化服務。這項服務不會花太多時間，而且顧客可親眼看著自己挑選的生豆逐漸上色，相當具有視覺效果。另外，坊間也有愈來愈多家用的陽春型烘焙機，但無論是客製化服務使用的機種或家用機種皆是熱風式烘焙機。熱風式烘焙機不僅改變了咖啡原本只是工業產品的定位，也讓消費者更靠近咖啡，擴大了咖啡的樂趣。

Q55

咖啡豆的烘焙程度會改變味道嗎？有哪些烘焙程度？

生豆加熱的程度不同，會讓咖啡豆出現褐色到黑色等外觀顏色的變化。加熱程度的指標稱為烘焙度。烘焙度一般是根據烘焙豆的顏色區分。

在日本，烘焙度的一般稱呼方式由淺到深依序是：輕度烘焙、肉桂烘焙、中等烘焙、高度烘焙、城市烘焙、深城市烘焙、法式烘焙、義式烘焙。這些名稱來自於美國的 Light、Cinnamon、Medium、Medium high、City、Full city、French（Dark）、Italian（Heavy）。美國還有 New England（介於 Light 與 Cinnamon 之間）、Viennese 或 Continental（介於 Full city 與 French 之間）、Spanish（烘焙度比 Italian 更深）這些烘焙度名稱。

烘焙度與風味息息相關，儘管有程度上的差異，不過每一種咖啡只要烘焙度愈深，酸味就會減弱，苦味就會增強。因此，烘焙度也是了解咖啡味道的依據之一。但是，烘焙度打造的味道某些程度上

烘焙度名稱

輕度烘焙	肉桂烘焙	中等烘焙	高度烘焙	城市烘焙	深城市烘焙	法式烘焙	義式烘焙

淺焙 → 深焙

美國的烘焙度名稱

Light	New England	Cinnamon	Medium	Medium high	City	Full city	Viennese／Continental	French／Dark	Italian／Heavy	Spanish

淺焙 → 深焙

還是受到生豆種類的影響。假如是剛果種咖啡，即使採用淺度烘焙也幾乎不會有酸味；如果是高地產的阿拉比卡種咖啡，就算使用深度烘焙，仍然會有酸味殘留。

另外，輕度烘焙、中度烘焙等名稱只是大致上用來表示烘焙度的標準，因為這些名稱取決於烘焙者的主觀認定。如果有哪家店的城市烘焙咖啡烘焙度比另一家店的法式烘焙更深，也不是什麼奇怪的事。

Q56 什麼是烘焙機？

烘焙機是用來烘焙咖啡豆的專業機械，整體是由許多具有不同功用的裝置所組成，以下將介紹各裝置的名稱與功用。

烘焙滾筒

放入生豆烘焙的地方，有圓筒狀及非圓筒狀兩種外型。圓筒狀烘焙滾筒又分為表面佈滿小孔及沒有開孔兩種類型。這兩類在滾筒內空氣的加熱方式及保溫性上有所差異，同樣是加熱，因為咖啡豆溫度上升的狀態不同，也導致風味的相異性。非圓筒狀的加熱滾筒有各種類型，不過都能夠有效率的攪拌豆子，可以在短時間內烘焙完成。

制氣閥

在烘焙咖啡豆時，因為會產生大量的煙，所以必須要將其排出。而調整其排出量的裝置便是制氣閥。不只能夠排出煙，也可以排出烘焙滾筒中的熱氣。即使能夠藉由熱源的火力調整而改變溫度上升的方式，卻無法使溫度下降，但制氣閥就能辦到。使烘焙成果穩定的訣竅，就是讓溫度上升狀態在控制中達到穩定。而制氣閥是幫助導向成功的一大要角。

冷卻裝置

烘焙過程到了後半階段，咖啡豆開始在滾筒裡爆裂彈跳，這是因為豆子本身起了發熱反應，此時必須盡快停止，以免造成過度烘焙。而冷卻裝置便是能夠阻止豆子持續產生發熱反應，使豆子溫度不再上升的裝置。透過風扇吸走熱氣，且吹出冷風使豆子降溫，不過若是一次就得烘焙一百公斤以上咖啡豆的大型機具，這樣的冷卻方式太慢了，此時會噴射出水霧以急速冷卻。

溫度計

主要是用於烘焙過程中測量咖啡豆的溫度。不過，所測量的並非豆子的實際溫度，而是烘焙滾筒中空氣的溫度。因此，我們只能依此數值來推測豆子的溫度。

瓦斯壓力表

以瓦斯作為熱源的烘焙機，會透過瓦斯壓力表來調整火力，瓦斯壓力越高則火力越強。

取樣杓

為確認烘焙狀況而使用的細長型鏟子狀的裝置。將取樣杓插在烘焙滾筒上的專屬插槽，向外拉取即可取出滾筒中的部分豆子。

排煙設備

可燃燒且去除在烘焙過程中產生的煙霧。若是在住家附近進行烘焙，為了避免造成鄰居困擾，就必須使用此裝置。

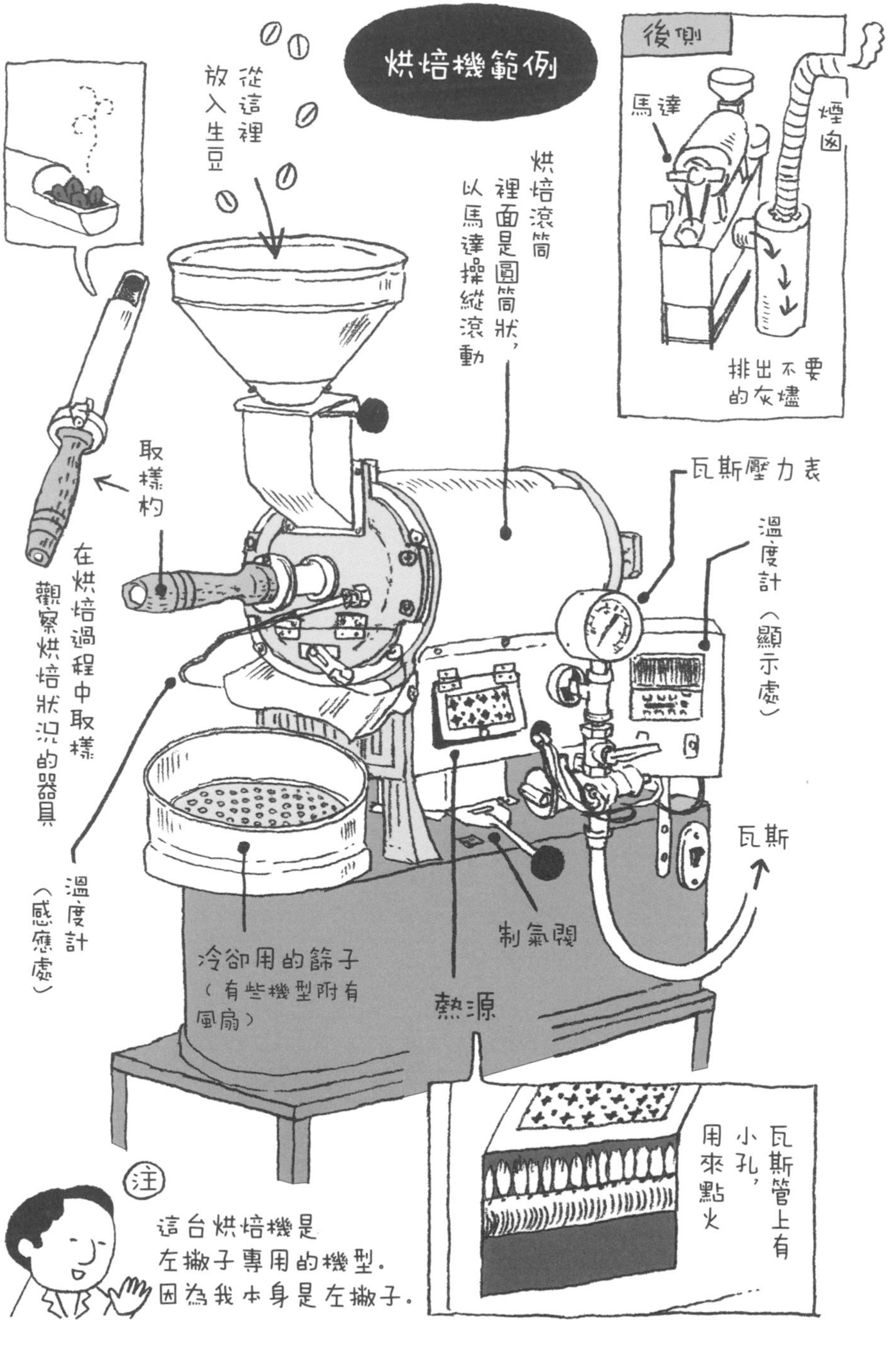
烘培機範例
從這裡放入生豆
烘培滾筒
裡面是圓筒狀，
以馬達操縱滾動
後側
馬達
煙囪
排出不要的灰燼
取樣杓
在烘培過程中取樣
觀察烘培狀況的器具
瓦斯壓力表
溫度計（顯示處）
溫度計（感應處）
瓦斯
制氣閥
冷卻用的篩子
（有些機型附有風扇）
熱源
瓦斯管上有小孔，用來點火
注
這台烘培機是
左撇子專用的機型。
因為我本身是左撇子。

Q57 烘焙機有哪些種類？

一般所使用的烘焙機，從構造可分為三種：直火式、半熱風式、熱風式。

直火式

在圓筒狀的烘焙滾筒上有許多個直徑數公厘的小孔（面積占滾筒表面積三分之一）。熱源在滾筒下方，透過滾筒及其內部與周圍的空氣傳導熱度。若熱源是炭火或陶瓷，透過內壁表面的反射，紅外線（遠紅外線～近紅外線）從小孔射入滾筒中，使豆子受熱。這種導熱方式稱為輻射。

半熱風式

圓筒狀的烘焙滾筒上沒有開孔，熱源在滾筒下方，滾筒受熱後，筒中空氣也被加溫，進而使豆子受熱。由於是階段性的導熱，所以比起直火式及熱風式，豆子在火力變化時的溫度改變較緩慢。若是要利

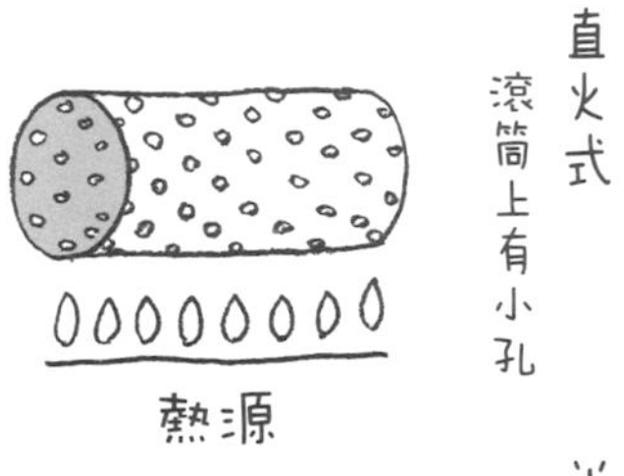

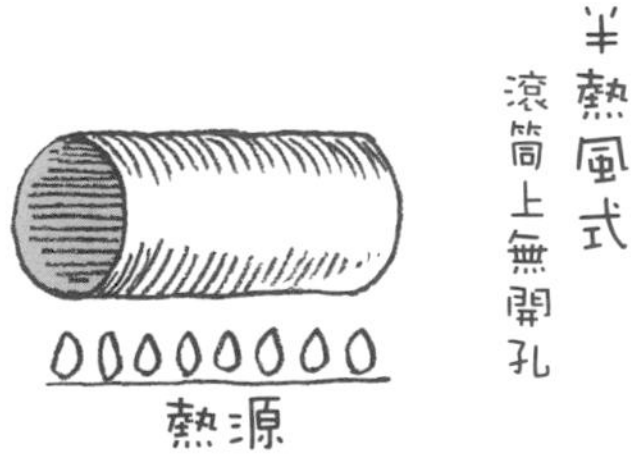

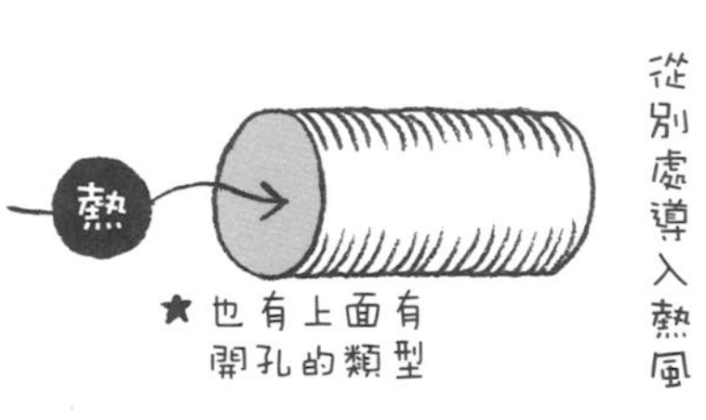

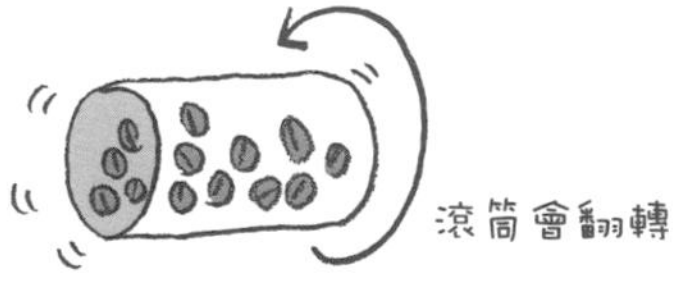

用滾筒內壁表面反射熱能，而採用炭火或陶瓷作為熱源的話，則無法活用紅外線的功效。

熱風式

不直接加熱烘焙滾筒的烘焙機。在距離烘焙滾筒有些距離的地方，以熱源加熱空氣後，再將熱風導入滾筒中。即使加熱程度再強都不容易烤焦，是熱風式的特徵。

透過調高熱風溫度及風速，可增加傳導熱能的功效。因此熱風式的烘焙機比起直火式及半熱風式，能節省更多時間，更甚者能在兩、三分鐘之內便完成烘焙。

Q58 烘焙機如何加熱咖啡豆？

烘焙機在放入生豆之前必須事先預熱，等到溫度夠高了，才放入生豆。連續烘焙時只需要在第一次預熱，第二次開始滾筒已經夠熱了，因此烘焙前無須事先預熱。

因為放入的生豆是常溫，因此滾筒內的溫度會瞬間下降，下降幾分鐘之後，溫度標示的變化逐漸趨緩，這是因為滾筒的熱能被用來蒸發生豆的水分了。

接下來，失去水分的生豆漸漸開始升溫。這裡是烘焙時最重要的過程。水分從生豆表面流失，因此表面的溫度也較快開始上升。但是生豆中心的水分還必須移動至表面，才能夠從表面流失，所以很花時間。生豆中心的水分尚未充分脫乾，生豆表面的溫度已經上升，於是生豆中心和

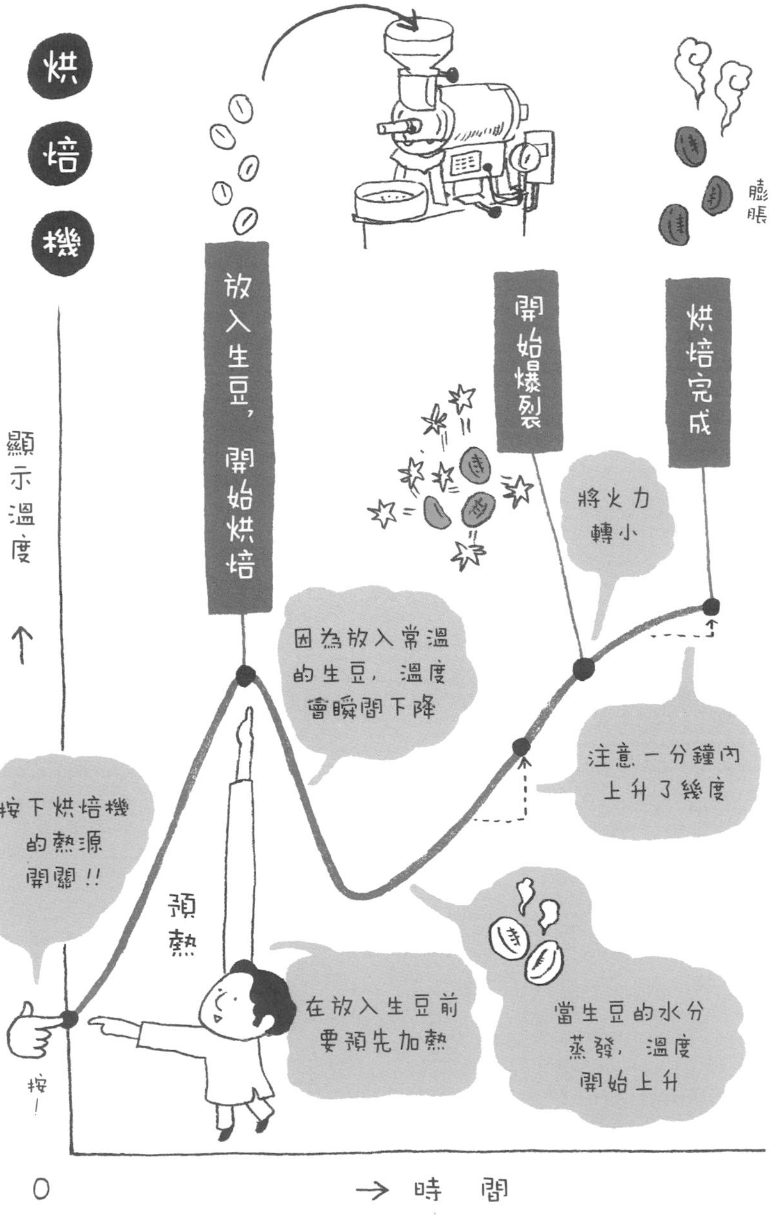
烘焙機
放入生豆，開始烘焙
開始爆裂
烘焙完成
膨脹
顯示溫度
因為放入常溫的生豆，溫度會瞬間下降
將火力轉小
注意一分鐘內上升了幾度
按下烘焙機的熱源開關!!
預熱
在放入生豆前要預先加熱
當生豆的水分蒸發，溫度開始上升
按!
0
時間

表面在烘焙過程中開始出現差異（如果差異不是很顯著，隨著烘焙的進行，生豆中心、表面和滾筒空氣的溫度會逐漸統一）。

最後溫度上升逐漸趨緩。生豆的成分也隨著溫度上升而開始產生化學變化，生豆開始變色，出現香氣，同時逐漸膨脹。這種變化需要熱，因此為了讓化學反應順利進行，必須給予充足的熱能。

生豆開始出現爆裂聲時，溫度會加速上升。因為到了這個時候，生豆也開始發熱。一旦溫度快速上升，也會加快變色的速度。溫度上升速度如果過快，容易造成上色不均，因此這個時候開始必須減小加熱的火力。

烘焙到理想的顏色後，將烘焙豆自滾筒取出、放冷。烘焙豆在冷卻期間仍會利用餘熱繼續變色，因此取出後必須立即降溫。

Q59 烘焙中的咖啡豆會出現什麼變化？什麼是第一次爆裂、第二次爆裂？

生豆的成分經過烘焙而引起化學變化，因此產生咖啡獨特的顏色、苦味、酸味和香氣。此時主要成分會因為烘焙而大幅度減少寡醣類、胺基酸、綠原酸類等。胺基酸是顏色、苦味、香氣的來源，寡醣類和綠原酸類則是顏色、苦味、酸味、香氣的來源。

烘焙開始一會兒之後，生豆的溫度開始上升，因此開始各種化學變化，逐漸形成顏色、苦味、酸味、香氣等。此時也製造出水蒸氣和二氧化碳，這些氣體提高了咖啡豆內部的壓力，使得咖啡豆膨脹。最後咖啡豆無法承受上升的壓力，細胞發出聲音開始瓦解，這就是第一次爆裂。第一次爆裂發生時，部分化學變化製造出的成分一邊發熱一邊開始分解。這段時期也會產生氣體，持續促使咖啡豆膨脹。膨脹到最後，細胞再度發出聲響瓦解，這就是第二次爆裂、第三次爆裂。這些變化會在咖啡豆離開烘焙滾筒、進行強制冷卻時停止。

已經膨脹的咖啡豆不會萎縮變小。同樣的生豆進行淺度烘焙和進行深度烘焙時，烘焙成品的大小完全不同，淺度烘焙的咖啡豆尺寸會比較小。

Q60 烘焙令人頭痛，請問烘焙的祕訣為何？

咖啡的風味大部分取決於原料生豆的品質，我認為這部分的影響大約佔了八成。烘焙是引導出生豆品質的過程。不同的烘焙方式會大幅影響到咖啡豆展現出來的效果。

烘焙的風味是根據生豆擁有的各式成分所產生的化學變化而定。也就是說，烘焙的關鍵在於掌握化學反應進展的程度及在何種程度時該停止。

烘焙時，生豆成分的化學反應取決於溫度與時間。亦即生豆的溫度隨著時間會如何上升、生豆的溫度到達幾度時（顏色變成什麼程度時）應該停止烘焙——這兩點決定了咖啡的風味。很多人認為烘焙很困難，不過理論上烘焙的操作方式非常簡單。

我希望各位注意「生豆溫度在一分鐘之內改變了幾度」。首先是觀察烘焙到了中期，水分幾乎都離開生豆之後，溫度上升的方式，以及開始爆裂的烘焙後期溫度上升的方式。試著改變這兩個階段溫度上升的方式進行烘焙，就可看出兩種方式分別會讓風味造成什麼樣的影響（每一分鐘的上升溫度變成兩倍的話，更容易明白）。下一步是烘焙初期的溫度下降方式。如果放入生豆時烘焙滾筒內的溫度會改變十～二十度，就能夠看出影響。到這裡都做到的話，相信各位就能夠明白從烘焙初期到後期的溫度變化所帶來的影響了。

烘焙過程就是建立在「生豆溫度一分鐘之內改變幾度」的連續變化之上。這種連續變化可透過記錄烘焙機每分鐘顯示的溫度來掌握（但是機械顯示的溫度不是生豆溫度，而是滾筒內的空氣溫度，因此我們僅能藉此推測生豆的溫度）。將這些數據製作成表格更容易理解。專業人士稱這種橫軸為烘焙時間、縱軸為溫度的曲線圖為「烘焙溫度紀錄表」。市面上也有販賣可自動記錄溫度的機械，記錄溫度已經成了尋常的行為，不過光是記錄溫度無法管理烘焙過程。我認為能夠從所有紀錄當中取出一分鐘的變化情況進行研究才是重點。

Q61 烘焙機的熱源有哪些？有何特徵？

烘焙機的熱源分為石化燃料、瓦斯、電、炭火、加熱水蒸氣等等。在此介紹炭火（參照Q62）以外的熱源類型特徵。

石化燃料

石化燃料的燃燒成本最低，工業用的大型烘焙機大多都使用此類，但因為燃燒時會產生含氮化合物及硫化物等有害物質，會對環境造成很大的負擔。

瓦斯

單次烘焙量約數十公斤左右的烘焙機，最常使用瓦斯作為熱源。因為石化燃料對環境有害，也因此大型烘焙機有逐漸開始改用瓦斯作為熱源的趨勢。

瓦斯熱源的特徵是較為環保，成本也不高，而且使用上並不困難。火力及流量的調整只須一個裝置就能控制，相當便利。若附加瓦斯壓力表便能夠更精密的控制咖啡豆的狀態。

不過，隨瓦斯種類（一般家用瓦斯或液化石油氣）的不同，適合使用的器具也不同，因為發熱量會有差異，這一點請務必注意（液化石油氣的發熱量是家用瓦斯的兩倍）。若使用家用瓦斯作為熱源，家家戶戶都在準備料理時，瓦斯壓力就會突然變得不穩定。為了避免發生預料之外的狀況，有的專業人士會改用液化石油氣，或是避免在料理時間進行烘焙。

電

電力跟瓦斯一樣都是很容易控制的熱源。不過，同樣的發熱量，電力的成本卻是瓦斯的兩倍，因此不適合用於大型機具，主要都是家庭烘焙機及商業用小型烘焙機（單次烘焙量約一公斤）在使用。

加熱水蒸氣

指的是加熱到一百度以上的水蒸氣，市面上也有販售以此方式加熱的家用烤箱，而後來也被用於烘焙機的熱源。雖然目前為止已多次採其數據，但可惜的是，至今尚未找出此熱源的明顯特徵。不過，使用加熱水蒸氣作為熱源的優點是乾燥力很強，導熱功能也很高，因此可運用在比較特別的環境中進行烘焙（接近無氧狀態），令人期待其未來發展。

Q62 炭火烘焙的原理和特徵

日本人對於使用木炭相關製品有著特有的喜愛，因此炭火烘焙咖啡在日本也享有高人氣。

使用炭火作為熱源的優點是，能夠散發出紅外線（近紅外線～遠紅外線）。紅外線透過導熱能夠直接作用於構成咖啡的成分上。使生豆乾燥的效能高，比起其他熱源，近紅外線能夠更加深入生豆的內部，雖是令人值得深入探討的一種熱源，卻也經常被大眾所誤解。並不是單靠炭火就能夠讓生豆從內到外徹底加熱，若不是使用直火式（烘焙滾筒表面有小孔）的烘焙機，就無法活用到紅外線的功能。到目前為止，對於此種熱源還有許多未知的部分，我認為依現狀來說，似乎有些名過其實。

以炭火作為熱源還有許多令人質疑的地方。

第一個問題是，比起瓦斯與電力，成本都來得高。若要維持穩定的加熱，就必須使用品質優良的木炭，而為此便需要付出較多成本。

第二個問題是，火力調節較為困難。雖以增加或減少木炭的方式可調整火力，但取出多少木炭會下降多少溫度，而補充多少木炭又能提高幾度，為了掌握箇中訣竅，個人的經驗便非常重要。甚至可說必須時時刻刻仔細觀察烘焙的狀態不可。

第三個問題是，烘焙過程中會產生一氧化碳。為了避免造成一氧化碳中毒，強烈建議應另外購入感應器來加強安全性。

另外，只有在烘焙時單用炭火為熱源的咖啡，才能冠上「炭火烘焙」的品名。若是除了炭火之外，還並用了瓦斯、電、石化燃料等其他熱源，便不能稱為炭火烘焙咖啡。

Q63 挑選烘焙機的重點

在選購烘焙機之前，必須先釐清你想做出什麼風味的咖啡，想用什麼樣的方式提高生豆的溫度。生豆的溫度上升方式相同，就算烘焙機的類型不同，成果上也不會有太大的差別，不過，還是可能會有不一樣的結果。原因就是烘焙機的材質、構造與熱源種類等影響。舉例來說，保溫性低的烘焙機在烘焙後段時，很難將火力壓低且仔細徹底的烘烤咖啡豆；若是排煙功能較弱的烘焙機，則因為會產生大量的煙而不適合用於製作深焙咖啡。

在考量要選購直火式烘焙機（烘焙滾筒上有小孔）或半熱風式（烘焙滾筒無開孔）烘焙機時也一樣。雖然常聽說「使用直火式烘焙機較容易展現出生豆的特色」，直火式及半熱風式同樣在調整火力後，兩者對生豆的導熱方式會稍有不同。而理所當然的，也會導致咖啡風味的差異，將此原因歸於滾筒構造實屬短見。比較兩者於一分鐘內上升溫度的測量數據，大部分的狀況下，都看不出烘焙滾筒構造對咖啡風味的影響。以半熱風式烘焙機來說，並不適用於急速改變溫度上升方式的烘焙製程。不過，直火式烘焙機不容易受濕度與溫度的影響。要選擇哪一種機型，端看哪種要素對你來說更加重要而定。

無論如何，未來若要購買烘焙機時，最好能夠尋求實際使用烘焙機的人的意見，並且請廠商讓你測試烘焙成果。

最近流行改造烘焙機，我認為應該三思而後行。若在不夠理解烘焙的科學知識下就改變其構造，通常是收不到效果的，甚至恐怕會更加突顯其短處。對於專家來說，具有對專業的堅持雖重要，但滿足自我及使顧客滿意是兩件事。每個專業人士都不應忘記這一點。

Q64 穩定烘焙品質的訣竅

即使是一批來自同一產地的生豆，也會因為構成咖啡顏色的成分不同，而改變上色的方式。因此，為使烘焙品質穩定，首先必須使用同一批咖啡生豆，在烘焙其他批生豆之前，也必須先做好上色方式的確認。不過，即使是同一批生豆，品質也有可能良莠不齊，或隨著時間而變質，這點要特別注意。

要讓烘焙品質穩定，必須使烘焙方法盡量單純。放入固定的生豆量，並且盡可能的不去調整火力及制氣閥。另外，也可將原本只要烘焙一次即可的生豆，分數次烘焙。若第一次烘焙得較深，第二次則要烘焙得較淺，把已烘焙好的豆子加入其中做微調，可使深淺不一的成果變得更加均衡。

以每分鐘為單位，詳細記錄咖啡豆在烘焙時的溫度變化，掌握狀態是很重要的。若這次與往常的爆裂溫度不同時，便要適當地修正其中的差異（例如，若比往常的爆裂溫度高了二度，則這次停止烘焙的溫度也必須比往常高二度）；若烘焙時間比往常更長（短），則烘焙完成時的溫度就要設定得比往常更低（高）。若是能夠掌握「往常」的狀態，如以上例子般進行細部的調整，就能夠進行精密度更高的烘焙作業。若溫度的變化劇烈，則可將火力轉弱，並打開制氣閥；若溫度的變化較緩，則應加強火力，且關上制氣閥。

那麼，該如何確認烘焙的穩定度呢？在一個嚴格要求品質管理的狀況下，會設定咖啡豆烘焙完成後的顏色標準，且在每次烘焙後以焦糖化光譜分析儀（Agtron）來檢查是否有達到規範。色差計是以顏色的三大要素：色相、彩度、明度來測量，日本通常僅以明度（Lightness value，單位記號為L）作為烘焙程度的指標。咖啡業界將該數值簡稱為L值。測量方式是將光線照射在測試樣本（咖啡粉）上，以其反射程度計算其L值。

若是沒有專門的測量器具，也可用肉眼來判斷顏色。但這時手邊應準備已磨成極細粉末狀的標準品（可做為基準的樣本）為對照組，方便做出比較。

咖啡豆的重量（烘焙前後的重量變化）也能夠用來作為烘焙度的判斷基準。烘焙後若是比往常減少了更多重量，便有可能烘焙的程度比以往都還深。另外，實際喝看看，確認味道也是很重要的步驟。

Q65 不同產地的咖啡豆烘焙上色的方式也不同嗎？

咖啡豆的顏色取決於寡醣類、胺基酸、綠原酸類的成分比例。不同種、不同產地的含量比例也各不相同。不僅如此，海拔、土壤等栽種條件、精製方式、採收後靜置多久等也會造成差異。烘焙時的上色情況即可看出成分比例的差異。

另外，咖啡豆的產地不同，導熱方式也不同。這種時候造成影響的就是水分含量及咖啡豆大小等。水分含量會影響到咖啡豆升溫的方式，而咖啡豆的大小差異則會影響到咖啡豆吸收的熱量。烘焙小顆的咖啡豆時，可看出溫度上升快速。這一點往往被解釋為「透熱性佳」，不過我不認為這種解釋一定正確。因為小顆咖啡豆受熱的表面積小，不容易吸熱。即使給予同樣的熱量，但因為咖啡豆吸收的熱量少，因此烘焙滾筒內的空氣溫度自然容易上升。

以下簡單歸納以同樣火力烘焙不同種、不同產地的咖啡豆時，會出現的上色差異。

首先，比較阿拉比卡種與剛果種咖啡豆，就會發現寡醣類成分較少的剛果種不易上色。烘焙完成的溫度必須提高到將近十度，才能夠烘焙出與阿拉比卡種L值相同的咖啡豆。

其次是以哥倫比亞咖啡豆為標準，試著比較同屬阿拉比卡種的咖啡豆。肯亞、坦尚尼亞咖啡豆的上色速度差不多一樣快。巴西和衣索比亞咖啡豆烘焙到一半了仍不太容易上色，不過第二次爆裂開始時會突然變色。中美洲（瓜地馬拉、哥斯大黎加等）咖啡豆的上色速度多半比哥倫比亞咖啡緩慢。

記住容易重現的烘焙方式，經常做紀錄和統計，就能夠看出許多重點。假如你希望解決烘焙問題，我認為首先必須學會這些事情。事實上即使咖啡豆的顏色相同，酸味、苦味、香氣也不見得一樣。如果改變咖啡豆的升溫方式，酸味、苦味、香氣也會跟著改變。烘焙是複雜的過程，因此如果你想要追求專業技術，就不能只是埋頭烘焙，不思其理。

Q66 為什麼烘焙豆表面會出油？

咖啡豆表面看來油亮，這來自於豆子本身含有的脂質。阿拉比卡種咖啡豆的脂質含量比剛果種多上將近一倍，因此如果採用相同的烘焙度，阿拉比卡種更容易出油。這裡之所以特別強調「相同的烘焙度」是因為出油方式也會受到烘焙方式的影響。

咖啡豆中所含的油脂在烘焙時會被烘焙過程產生的二氧化碳擠到表面。烘焙程度愈深，二氧化碳就愈多。因此深度烘焙咖啡豆的油脂已經在烘焙過程中全部滲出來。烘焙完成一陣子之後才滲出來的油脂，則是烘焙豆中剩餘的二氧化碳排出來時順便推擠出來的。烘焙完成後的一個月之內，咖啡豆仍會持續排出二氧化碳，尤其是剛烘焙完畢的頭幾天排氣量特別多，因此大多數場合都可以判斷咖啡豆在那幾天為什麼會出油。

對於咖啡豆滲出的油脂，有些人喜歡，有些人不喜歡。

那麼，以同樣烘焙度烘焙出來的生豆，有可能有些出油，有些不出油嗎？這一點可透過某些人工控制方式辦到。比

方說，以強力火力烘焙的話，咖啡豆就會急速產生二氧化碳，引發激烈的爆裂。這種烘焙方式製成的咖啡豆通常容易出油。相反地，以低溫慢速烘焙的咖啡豆產生二氧化碳和爆裂的情況較和緩，因此烘焙好的咖啡豆不容易出油。所以我們也可透過咖啡豆的出油狀況推測出烘焙的方式。但是，二氧化碳排出一陣子之後，表面的油脂又會被咖啡豆自己吸收，因此如果咖啡豆已經烘焙完成擺了幾個月以上，就很難推測它的烘焙方式了。

有些人擔心表面出油會加速咖啡豆劣化，不過相對來說，咖啡油脂即使時間久了，也不容易發生變化。這是因為咖啡豆有二氧化碳的保護，並且含有大量的抗氧化成分。咖啡的劣化多半源自於「氧化」，然而事實上油脂的氧化與咖啡的劣化並無太大關係（可參考Q18）。

Q67

為什麼烘焙後的咖啡豆表面有皺摺？

仔細觀察烘焙過後的咖啡豆會發現，有些豆子表面的皺褶完整，但有些豆面的皺褶則斷斷續續。為什麼會有這樣的差異呢？

原因之一在於生豆。體密度（bulk density）高的較大生豆，也較容易形成豆面的皺褶。體密度高這樣的形容可能有點難以理解，請想像以手掌掬起時感受到較密實而沉重的生豆即可。說到體密度高的豆種，代表性的例子是肯亞與瓜地馬拉。另一方面，體密度低的豆種則是巴西、古巴以及牙買加等加勒比海沿岸各國的咖啡品種。不過，即使產地相同，體密度也有可能有所不同。高地所產的品種通常體密度較高，這與豆面不易形成完整皺褶的傾向是一致的。

烘焙方式也會影響皺褶的形成。因為在烘焙時會產生水蒸氣及二氧化碳，若要在豆面形成較長的皺褶，可將火力轉強，或加深烘焙程度，都能達到效果。反之，若進行淺度烘焙或是以較弱火力進行長時間烘焙的情況，豆面皺褶會較深刻明顯。雖使用同批生豆，豆面皺褶情形卻不同，可能是因為生豆的溫度上升方式不同或是烘焙程度不一樣所導致，風味當然也會有所差異，不過，皺褶多並不代表烘焙的功力差，也不能以此斷言咖啡的味道一定不美味。透過長時間烘焙，咖啡風味變得更加圓潤也是其特徵。以毫無根據的基準來判斷優劣，被先入為主的偏見所影響，是非常可惜的事情。

為了使淺焙咖啡豆上呈現出漂亮的皺褶，會進行雙重烘焙（double roast），就是以不致爆裂的程度稍微烘焙後加以冷卻，之後再進行第二次的烘焙，豆面便會呈現出漂亮的皺褶痕跡，但最近比較少見。經過雙重烘焙的咖啡豆與只經過一次烘焙的咖啡豆風味有很大的不同，酸味較弱，口味也較單薄。

Q68 自家烘焙的方法與訣竅

前面講了許多關於烘焙的複雜內容，對於非專業人士來說，也許會感到有些門檻。的確，烘焙過程複雜是一個困難點。但是，我很建議對咖啡抱持著興趣的人，務必要嘗試自己烘焙咖啡豆。只要記住生豆的挑選方法，不用花大錢就能夠簡單做出美味的咖啡。當然，每次都能有相同的美味成果很困難，有時也會失敗，但這也是很好的經驗。親手製作所獲得的成就感也包含在美妙成果的滋味之中。碰觸各式各樣的生豆，用自己的手去加工製作，在這過程中一定能夠發現到咖啡嶄新的魅力。這也是我個人的親身體驗。

即使沒有烘焙機也能夠進行烘焙。在我還是業餘者的時候，曾經試過許多好像能用來烘焙的器具。像是常在書裡介紹到的烘焙手網（烘豆網）、焙烙（附把手的小型陶鍋）、平底鍋、雪平鍋、土鍋、烤箱、爆米花機、微波爐等等。以不至於

讓烘焙程度有太大落差的火力，一邊攪拌一邊加熱，唯一只有微波爐的成果令人不甚滿意，其他方式我想應該都多少有些咖啡的風味（但不管哪種方式，挑除烤焦部分的步驟都是不可少的）。最接近成功的方式是油炸。將生豆放入加熱到兩百度的熱油當中，油炸數分鐘（咖啡豆在爆裂時，鍋中的油也會跟著飛濺）。再以濾紙來沖泡，若是用一般的紙可能就無法過濾油分，不過濾紙沖泡的咖啡一點油味也沒有。

我也曾嘗試過各種的市售家用烘焙機，最近的機型所具備的功能日趨進步，利用網路也能簡單購入國外的機型。因為國外有更多選擇，比起日本製品，價格也更便宜，不過別忘了加上運費與關稅。另外，購買其他國家電器時，也要注意電壓的差異。若是使用國外所製造的較高電壓的烘焙機，很容易因為發熱量不足而無法烘焙出成功的咖啡豆。家中如果沒有變壓器，還是建議購買本國製品比較保險。

最後一個訣竅是，若是覺得手邊有的咖啡（不管是咖啡豆或咖啡粉）不夠美味，建議可以放入平底鍋中稍微煎一煎。有時會更加好喝，下次不妨一試。

Q69 為何要混合不同種類的咖啡豆做成綜合咖啡？

咖啡的風味會隨著生豆的產地或是烘焙程度而改變。雖說直接品味箇中差異也是樂趣之一，不過透過混合不同風味的咖啡豆，創造出嶄新滋味，也是另一種享受咖啡的樂趣。至於製成綜合咖啡的目的，我想專業人士跟業餘者應是各有不同。

專業人士

以專業人士來說，有些人是希望打造出專屬的獨特性，有些人是希望創造出單一品種咖啡所沒有的風味，或是想提高咖啡的CP值。無論如何，都是能看出專業功力之處。

對於專業人士的綜合方式，有各式各樣不同的注意點，像是必須符合商業概念或是呼應顧客的需求。

舉例來說，若是想要追求穩定一致的風味，便會將同產地不同採收期的生豆混合搭配，或是以採收量相當穩定的哥倫比亞豆作為基本主軸，又或是以採收一段時間後，味道不太會有變化的生豆來做整體的調整，也會為了保持調和主軸的生豆風味，而採取低溫運送及定溫保管的措施。

若是要提供給超市或量販賣場的綜合咖啡，因為價格是一個非常重要的因素，所以會選擇較便宜的原料，為此提高CP值便是一個重點。

若是須與顧客面對面銷售的店家，咖啡的外表便很重要，必須選擇顆粒較大的

◆生豆的入港時期

生產國／生產區域／品名	抵達日本的時期
巴西	10～6月
哥倫比亞	全年
祕魯	7～12月
中美洲	1～7月
伊索比亞	1～7月
坦尚尼亞	2～8月
曼特寧（印尼）	1～5月

咖啡豆，顏色也不能參差不齊，所以就要先挑選出烘焙程度差不多的豆子。

也就是說，專業人士在進行綜合咖啡的調配時，必須要具有生豆的相關知識（產地規格、入港時期↓請參照前頁、品質、價格等等）、烘焙豆的相關知識（味道特徵等等）、市場的相關知識等等。其他像是磨粉、包裝、保存的知識，更進一步像是關於標示的各項法規，食品衛生法、測量法、贈品標示法等等法律知識也是不可少的。

業餘者

我想，業餘者製作綜合咖啡的目的大多都是為了打造風味。若是有數個種類的烘焙豆，就能夠自由組合出個人專屬的咖啡風味。只要兩種品種就能夠使風味複雜化，並呈現出立體感，可以體驗到單品咖啡所沒有的特殊魅力。

Q70 如何製作綜合咖啡？烘焙前綜合與烘焙後綜合的特徵為何

我在工作上曾經製作過數百種的綜合咖啡，以及擔任綜合咖啡成果的驗收工作，製作綜合咖啡的方式可大略分為兩種。第一種方法是，首先決定要作為主軸的咖啡豆種，再少量添加其他豆種以補足主要豆種所缺乏的風味要素。另一種方法是，不特別強調單一品種的強項，而是透過各個不同豆種的均衡表現來形成風味。

在綜合咖啡豆時，可分為烘焙前綜合（pre-mix）及烘焙後綜合（after-mix）。

烘焙前綜合的製作方式是事先以固定的調和比例測量好不同豆種的量，於烘焙過程中統一混合均勻，跟烘焙後綜合比起來較為簡易，這是優點。不過，無法依豆種來變化溫度上升方式及烘焙程度，較難變通，這是缺點。

另一方面，烘焙後綜合則必須個別測量不同豆種的量，且分別烘焙。烘焙後要再測量一次，並放入攪拌機中混合。製程複雜，且需要用到的設備很多，都是此法的缺點。但是，因為能夠依不同豆種變更溫度上升方式及烘焙程度，風味的豐富變化性也可無限延展。是一大魅力。

烘焙前綜合與烘焙後綜合各有優劣，應隨狀況來決定該選擇哪種調和法。

Q71 烘焙後綜合的咖啡比較好喝嗎？

不曉得是不是因為烘焙後綜合的咖啡強調過程的複雜與繁瑣，常會聽到有人說它比烘焙前綜合的咖啡更好喝。

的確，某些特質僅有烘焙後綜合的咖啡才能展現。若是想要在中度烘焙的阿拉比卡咖啡裡加入深度烘焙的剛果種咖啡的苦味，就只能透過烘焙後綜合的製法。若想製作顏色一致的綜合咖啡，而必須統一各個豆種的顏色時，也比較適合採取烘焙後綜合法（順帶一提，採取烘焙前綜合法而看來顏色不均，並不是因為功力不到位的緣故，而是每一豆種的成分不均所致）。

不過，並不是每次都得要進行烘焙後

綜合，也沒有必要太過固執於此法。舉例來說，若每一豆種溫度上升的方式與烘焙完成的溫度都一樣，那麼採用烘焙後綜合只是多此一舉。

在有些情況下比較適用烘焙前綜合法，在調和豆種當中，若有些豆種的調和比例非常少，若採用烘焙後綜合，使用量少的豆種容易形成庫存，這時就可以考慮採取烘焙前綜合法。販售量不高的混調咖啡也是一樣的道理。這是因為烘焙後綜合法的單次製造量很大的緣故。另外，在使用攪拌機混合烘焙豆時，容易使豆子損傷，造成銷售上的困擾，也必須再花一道功夫挑除有破損的劣質豆，以此看來，烘焙前綜合法比較有效率。

以我個人意見來說，在考量調和方法時，除了具有非要選擇烘焙後綜合法不可的明確目的或理由，否則，以烘焙前綜合法為優先選項是比較保險的作法。只要稍稍調整生豆溫度的上升方式，以及烘焙程度與混調比例，烘焙前綜合法也能夠展現出豐富風味。

若是成果不如預期，也可以採取介於兩者之間的綜合版調和法。不需要將每一豆種都分別烘焙，可將生豆溫度上升方式及烘焙程度相近的豆種歸為同一組，分組進行，節省時間步驟，又能拓展風味的豐富度。

Q72 綜合咖啡名稱的命名規則

商品名稱是消費者在選購時的重要判斷依據，若是造成誤解便會引起很大的問題。在使用商品名時，必須要先調查是否有侵害他人的商標權。並且，根據「一般濃度咖啡與即溶咖啡標示方式之公正競爭法規」*，綜合咖啡的名稱須符合以下條件。

若要在商品名稱加上生豆的產地，該商品當中必須含有三〇%以上（換算為生豆）的該產地咖啡。舉例來說，若命名為「肯亞綜合咖啡」，以生豆為準，該商品必須使用三〇%以上的肯亞豆（根據日本咖啡飲料協會的規格，液體咖啡中則必須占五一%以上）。不過，肯亞豆的比例不一定要最高，烘焙豆重量的比例即使在三〇%以下也沒問題。另外，針對特定的商品名稱（下頁舉出部分例子），根據全日本咖啡公正交易協議會的定義，必須使用原材料，這部分要特別注意。

以「炭燒摩卡綜合咖啡」為例，若用烘焙時的熱源作為商品名稱時，在烘焙咖啡豆時便不能併用其他熱源。在此原則之下，必須要使用三〇%以上（生豆）以炭火烘焙的摩卡（伊索比亞或葉門），以及其他產地的炭燒咖啡。

另外，若在商品名稱加入了咖啡以外的原料名（如大豆或蒲公英），或是無客

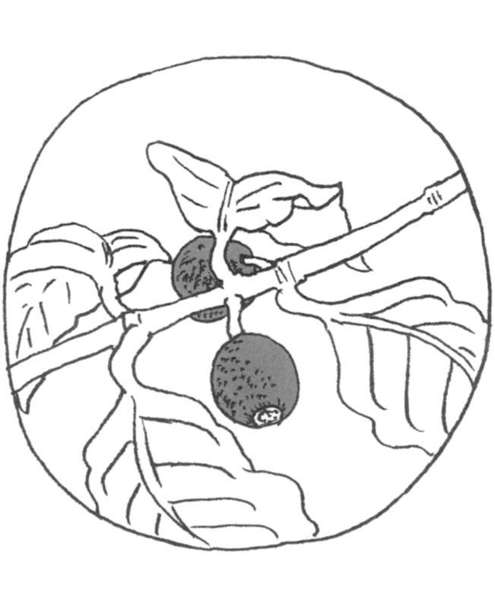

◆特定名稱與定義之範例

藍山 Blue mountain	產自牙買加藍山地區的阿拉比卡咖啡豆。
高山 High mountain	產自牙買加高山地區的阿拉比卡咖啡豆。
牙買加 Jamaica	產自牙買加的 Prime washed 及 Factory wased 的各種咖啡豆。
水晶山 Crystal mountain	產自古巴且以符合該國出口規格的阿拉比卡咖啡豆。
瓜地馬拉 - 安提瓜 Guatemala Antigua	產自瓜地馬拉安提瓜地區的阿拉比卡咖啡豆。
哥倫比亞特級 Colombia Supremo	產自哥倫比亞的特級咖啡豆。
哈拉爾摩卡 Harrar Mocha	產自伊索比亞哈勒爾地區的阿拉比卡咖啡豆。
摩卡瑪塔利 Mokha Mattari	產自葉門的阿拉比卡咖啡豆。
吉力馬札羅 Kilimanjaro	產自坦尚尼亞的阿拉比卡咖啡豆。但不包括布科巴（Bukoba）地區的咖啡豆。
托那加 Toraja	產自印尼蘇拉威西島（Sulawesi）的托那加地區的阿拉比卡咖啡豆。
卡洛西 Kalosi	產自印尼蘇阿威西島的卡洛西地區的阿拉比卡咖啡豆。
迦佑山 Gayo Mountain	產自印尼蘇門答臘島（Sumatra）的打京岸（Takengon）地區的阿拉比卡咖啡豆。
曼特寧 Mandheling	產自印尼蘇門答臘島的阿拉比卡咖啡豆。
夏威夷柯納 Hawaii Kona	產自美國夏威夷島的柯納地區的阿拉比卡咖啡豆。

根據全日本咖啡公正交易協議會「產地、品種、名稱的區分及範圍之範例」製表。

觀根據而冠上「最高級」等字樣，都屬於不當標示。

編註：由日本的全國公正交易協議會頒布，資料來源 www.jftc.org/cgi-bin/data/bunsyo/A-23.pdf

Q73 咖啡的保存期限如何設定？

在日本，食品會標示消費期限及賞味期限。

所謂消費期限，針對在五日內容易變質的食品，必須在包裝上標示可安全食用的期限（安全的食用期限），而賞味期限則是指超過消費期限後仍可食用的保存期限（美味的食用期限）。日本並無必須記載製造日期的規定。在販售咖啡商品時，則一定要標示賞味期限。

日本的食品衛生法規定，食品製造業者必須根據衛生檢查（微生物檢查）、理

化學檢查、官能檢查等客觀性憑證設定出賞味期限。並且須標示出在賞味期限內可保持品質的建議保存條件。咖啡業界以此法規為方針，由全日本咖啡公正交易協議會訂立了「一般咖啡以及即溶咖啡的賞味期限設定規章」。

對於製造商來說，賞味期限的設定方式與製造者的良心原則息息相關。舉例來說，是否有使用在賞味期限內可保持品質的包裝方法及包材，認為何種程度的變質仍保有安全品質。最近常被消費者問到關於賞味期限的設定依據，我在工作上會透過相關檢驗，如官能檢查及香氣成分的分析，與微生物檢查等來訂出賞味期限。

不過，購買者是不是也應該具有某種程度的知識比較好呢？首先是關於賞味期限的定義。賞味期限是指處於指定的保存條件且未開封情形下的期限。例如，賞味期限較長的咖啡豆，為了能夠長期保存而打造出最佳環境，去除了氧氣及水分，且使用了可避免接觸氧氣與受潮的包裝材料。一旦開封後，此一良好保存環境遭破壞，便會開始變質。另外一個應了解的是賞味期限的設定。雖說必須依據客觀性憑證來設定，但每家公司訂出賞味期限的方式都不同。賞味期限較長的商品可能是如前面例子所說，為了確實在期限內保持品質而在包裝及包材下功夫，但當然也有判斷基準較馬虎的廠商。若要知道你所購入的商品是屬於哪一類，一喝就能見分曉。

Q74 咖啡有哪些包裝方式及各類型的特徵

咖啡豆與咖啡粉會包裝在容器當中販售。咖啡專業人士會稱呼這類容器的素材為包材。

關於咖啡的包裝有著各式各樣的目的及型態，因為取出後會立即移到另一個容器當中，必須能長時間保存為目的，盡可能的去除使咖啡變質劣化的要素。

若是希望消費者能頻繁前來購買，而欲使商品在短時間內便可消耗完畢，在包裝上花太多成本就成了過度投資。另一方面，若是希望能長久維持風味，就必須對包裝方法及包材有所研究。

為了長時間維持咖啡風味，在包裝時必須排除使咖啡劣化的原因——氧氣與水分，使咖啡維持在脫氧及脫水的環境中是很重要的。正常空氣中含有二〇％的水分，但為了保存咖啡，必須降至一％以下，另外，烘焙後的咖啡吸濕性會變強，因此包裝時一定要在乾燥環境下進行。

目前有幾個有效去除氧氣與水分的包裝方法，基本法是置換惰性氣體。此方法是將氮氣、二氧化碳等反應性低的氣體在包裝時注入容器當中，透過此舉將氧氣與水分排出後，再將容器密封。作法相當簡單，效果卻非常優異。可單獨採用此法，或是與其他包裝方法並用。

第二種方法是，於包材上裝設單向排氣閥（one way degassing valve）。咖啡豆或咖啡粉所排出的二氧化碳會使容器內的壓力上升，再利用排氣閥將二氧化碳連同氧氣與水分一同排出。因為此裝置只會從內向外排出氣體，並不會由外部反向進入到內部，容器內的殘存氧氣濃度變低，內部狀態就如同被置換了二氧化碳一般。不過，此方法若沒有與置換惰性氣體的基本法並用的話，光是去除氧氣與水分的影響就必須花上許多時間，無法期待其效果的徹底性。

第三種方法是真空包裝。一般消費者都認為真空包是能夠長期保存食品的方法，但即使是真空狀態，並不代表容器中的氧氣與水分濃度變低，若只單用此法，並不能徹底去除氧氣與水分，必須並用置換惰性氣體的基本法才能提高長期保存性。

第四種方法是放入脫氧劑去除氧氣與部分水分。與其他方法不同，是透過化學反應減少氧氣與水分（此化學反應與拋棄式暖暖包發熱的原理相同）。

◆咖啡的包裝方式

置換惰性氣體	注入氮氣、二氧化碳去除氧氣與水分。
排氣閥包裝	透過單向排氣閥將二氧化碳及氧氣與水分一起慢慢地排出。
真空包裝	以抽取氣體方式去除某種程度的氧氣與水分（但氧氣與水分並非完全消失）
放入脫氧劑	藉由化學反應去除氧氣與部分的水分，二氧化碳也隨之被吸收。

Q75 什麼材質最適合包裝咖啡？

若採用阻氣性較低的材質來包裝咖啡的話，即使完全密封，咖啡的氣味也會透過包材而外漏。像這樣的包材，會使外部的氧氣、水分及味道等等滲入包裝內。若是考量到長期保存，就必須選用高阻氣性的包材。若是包材所選的材質錯誤，就算運用Q74所介紹的包裝方法，好不容易製造出的保存環境也會被破壞，功虧一簣。

雖然以往都是以罐子等容器作為咖啡的包材，但近年來急速的轉換為軟性包裝（Flexible packaging）。也因此，透過貼合具有不同性質的薄膜而標榜其優異特性的包材如雨後春筍般出現。

這類包材的構造是在最外層使用高強度的聚酯（Polyester，簡稱PET）或聚醯胺（Polyamide，簡稱PA），最內層則使用透過熱熔可輕易貼合的聚乙烯（Polyethylene，簡稱PE）、聚丙烯（Polypropylene，簡稱PP）。中間層則使用鋁箔、聚酯鍍鋁膜（VMPET）、乙烯乙烯醇共聚物（Ethylene-vinyl Alcohol copolymer，簡稱EVOH）等等高阻氣性

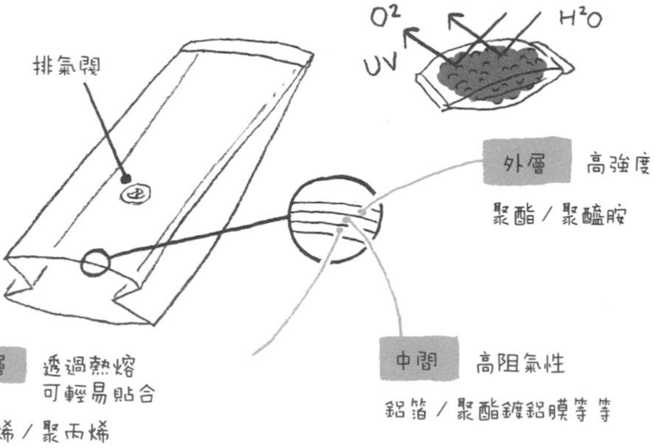

的薄膜。

一般的做法會以乾式貼合法（Dry laminate）貼合各層薄膜，不過因為油墨或接著劑的殘留會造成臭味，或是因形狀或材質而導致較難貼合，在選擇薄膜及貼合作業都需要十分注意。當變換包材的使用批號時，也必須留心。

另外，近年為了避免在製程中產生戴奧辛類化合物（PCDD），已不再使用氯乙烯（Chloroethene）等含氯聚合物。

Q76 為什麼一烘焙好就裝袋的咖啡會使袋子膨脹？

這是由於咖啡豆所釋放出的二氧化碳所導致。最近造成誤解的情況似乎比較少，這絕對不是因為咖啡豆腐壞的緣故。在烘焙過程中產生的二氧化碳起初雖會被豆子吸收，但之後隨即釋放。所產生的二氧化碳量隨烘焙程度而增加，一百公克烘焙豆可產生五百CC的二氧化碳。因為有可能使袋子破裂，在安全及品質上的考量，必須要去除二氧化碳。

常會以熟成（aging）、以裝有排氣閥的包材包裝、放入除氧劑等等方式去除二氧化碳。

所謂熟成，是保管剛烘焙好的咖啡豆，且抽除氣體的製程。熟成所需時間約一～三天，熟成時間視烘焙程度、咖啡狀態（豆或粉），以及保管溫度等條件而異。熟成過程雖會使咖啡暴露於空氣之中，但剛烘焙好的咖啡會因二氧化碳而形成了一層屏障，不易受到氧氣的影響，所以不須擔心咖啡成分會因此酸化。咖啡香氣會跟二氧化碳一同散失才是個大問題（參照Q18）。

使用裝有排氣閥的包材包裝如Q74所詳述，因為二氧化碳會藉由單向排氣閥排出，即使裝入剛烘焙好的咖啡，袋子也不會因此而過度膨脹。不過，市面上有許多非單向的排氣閥，或是耐久性受到質疑的排氣閥，建議在使用前需要多次測試。

若是放入除氧劑（參照Q74），選用可吸收氧氣及二氧化碳兩者的除氧劑，則可一舉兩得。不過，除氧劑也會稍微吸收香氣成分，可能會使咖啡本身香味減弱，或是在注入熱水沖泡時，咖啡香味會表現得較弱。另外，也可能會導致咖啡粉的蓬鬆狀態不佳，而被認為是年代久遠的咖啡，在飲用前都必須詳細說明。

來杯咖啡休息一下4

什麼是「精品咖啡」、「特選咖啡」？

相對於只根據產地規格而流通於市面上的「主流咖啡（Mainstream coffee）」、「商業咖啡（Commodity coffee）」，限定其生產區域、農園、品種而具稀少性的特殊咖啡被稱為「特選咖啡（Premium coffee）」，「精品咖啡（Specialty coffee）」則是特選咖啡中的一類。

現今，精品咖啡已與主流咖啡形成了兩個完全不同的市場。精品咖啡的特徵是以咖啡的優異度作為評價。以主流咖啡來說，會將杯測（風味評價）的重點放在是否有異味（不好的咖啡風味），異味越少者越能被評以高價值。不過，精品咖啡則是以越優秀者越能獲得高評價。

根據美國精品咖啡協會（SCAA）記載，最初使用精品咖啡這個詞，是源自一九七四年，娥娜・努森（Erna Knutsen）在《Tea & Coffee Trade Journal》刊物中首度提到。她在敘述因特殊微氣候（對植物產生影響的極小範圍氣候）而形成獨特風味的咖啡時，以精品咖啡來稱呼，可說是其定義的原點。雖然對於精品咖啡的定義眾說紛紜，但我認為這是最恰如其分的說明。不過，與目前市場的解釋似乎有些違和感。

我能夠認同精品咖啡市場對於咖啡美味程度的評價方式。不過，因為精品咖啡的名號被濫用，失去了原有的本質，與特選咖啡的區別變得曖昧不明。精品咖啡不應只是單指稀有的咖啡，也不應該只強調農園或品種名稱。我認為，稀有性、農園名稱、品種名稱等附加價值，與具有獨特風味的附加價值，應該更加嚴格的區別開來才是。的確，只憑稀有性或農園名稱或品種名稱就能引起購買慾望，但這並非精品咖啡的本質。在無名的主流咖啡當中，也有一些比空有虛名的特選咖啡更優秀的產品。

我對精品咖啡的認知是，能夠透過科學思考來分析微氣候、栽培、精選與烘焙等各因素對品質所帶來的影響。我已經掌握了幾項品質的指標，不過仍嫌不夠。咖啡世界是如此充滿困難挑戰，卻又如此充滿樂趣呀。

5

更多的咖啡知識——栽種、精選、流通、品種

Q77 咖啡栽種過程會使用農藥嗎？

在咖啡栽種過程會使用除草劑、殺蟲劑、殺菌劑等農藥。不過因為農藥所費不貲，過度使用也會造成環境負擔，目前已漸漸往減農藥化的方向前進，但以現狀來說，普遍仍會使用農藥。

我在工作上每個月會進行五十件以上的生豆殘留農藥檢查，有時會檢出農藥。不過，檢出量幾乎都在食品衛生法規定的基準以下。農藥的殘留量之所以少，是由於現代的農藥經高度研發，可在發揮功效後立刻分解，並且充分指導產地農家關於農藥使用安全的結果。

雖說如此，還是會有殘留量高於食品衛生法基準的情形。有些是在公司內檢查而發現，有些甚至是到了國家檢查階段才發現。但，也不能因此認定咖啡是危險的食品。因為違反食品衛生法與危害健康這兩件事並不能相提並論。危害健康的風險能夠透過科學方式預測，若細算其風險，就能發現食品衛生法的農藥殘留基準設定相當嚴格。即使殘存量完全沒有危害健康的風險，也有可能違反法規。

重要的是，若檢出基準值以上的農藥量，對製造方來說是什麼程度的風險，我認為應該公告週知。另外，購買方也必須正確了解法規基準值與實際風險。但現狀並非如此。新聞媒體在未提出風險評估的情形下，將違反法規的例子操作得搧情聳動，而消費者也囫圇吞棗，對咖啡產生了不安與不信任的感受。

至少，咖啡業者必須要具備正確的知識。舉例來說，「咖啡被果肉所覆蓋，所以不會直接接觸農藥，大家可以安心」像這樣的說法是錯誤的。若由根部吸收殺蟲劑等農藥，就會蓄積在脂質多的部位，以咖啡樹來說，就會累積在種子，也就是咖啡豆當中。

因為不知其所以然而過度反應，或是

無意間對消費者扯謊……這不是很令人扼腕嗎？

若要相處融洽就必須去了解對方，知己知彼，無論對人或對農藥都是一樣的道理。

Q78 有機咖啡比較好喝嗎？其認定標準為何？

不使用化學肥料、以無農藥方式栽培的有機食品年年增長。世界各國都有專門認證有機食品的機構，在日本，是根據JAS法（關於農林物資規格化及品質標示適正化的法規），欲在農產品或農產物加工品上標示為有機產品，須貼上「有機JAS標誌」。

若為得到該資格，必須通過審查並取得認證（在日本的農林水產省官網的「有機食品檢查認證制度」項目詳細說明了審查及認證的內容）。日本的審查基準與美國及歐盟國家的基準相去無幾。

有機 JAS 標誌
JAS
這只是個參考，
味道還是要靠你自己的舌頭來判斷呀……
膜拜
JAS

咖啡生豆也不例外。例如，初次採收前的三年內不可使用化學肥料及農藥等等條件，待JAS認證通過，便可在麻袋當中放入有機JAS標誌（但若在植物檢疫時被燻蒸過則無效）。巴西、哥倫比亞、瓜地馬拉、衣索比亞等各國都有接受JAS認證過的農園。

若想要將通過JAS有機認證的生豆，在烘焙過後以有機咖啡之名販售，則加工業者必須接受JAS的認證。另外，若要將烘焙豆分裝販售，同樣的，經手分裝的業者也必須通過認證。也就是說，凡貼上有機JAS標誌的商品，從栽培、烘焙到分裝等過程都有JAS的品質保證。

話說回來，有機咖啡真的好喝嗎？我經常被問到這個問題，我只能說「因製法而異」。咖啡是一種在種植過程中需要大量肥料的作物。因為不使用化學肥料而瘦弱無味的有機栽培咖啡也是有的。但也有在不使用化學肥料的情形下，為保留其美味而竭盡心力的咖啡當然也存在。展現出品質的關鍵在於「是否因其栽培環境而給予適量的肥料」，而不是只談論肥料的量或是有機肥料的比例就能闡明的。

Q79 咖啡的果實要經過哪些步驟才變成生豆？

咖啡櫻桃採收後會迅速的剝除果肉，只留種子，並去除種子的殼，本書中稱此製程為「精製」。接下來依品質分類，且挑除異物，此製程稱為「選別」，而這一連串的製作過程則被稱為「精選」。

前半段製程——精製

前半段製程是從咖啡櫻桃中取出種子的精製作業。取出種子的方法大略可分為四種。

第一種主流方法是「非水洗式」。從以前沿用至今，也被稱為日曬法。在生產阿拉比卡種的巴西、衣索比亞、葉門都是很普遍的做法。另外，幾乎大部分的剛果種也都是以此法處理。藉由非水洗式方法取出種子的咖啡，被稱作自然咖啡（Natural coffee）或非水洗式咖啡（Unwashed coffee）。

另一種主流方法是「水洗式」。此法據說源自印度。在生產阿拉比卡種的中南美各國、加勒比海各國、非洲國家等都運用此法。在印度、印尼產的剛果種也用此法取出種子。

第三種方法是「帶果漿日曬法（Pulped natural）」，或稱ＰＮ處理法。這是由巴西所開發的新方法，能夠篩選出與非水洗式方法具有不同特性的生豆。

第四種方法是「蘇門答臘式」。印尼的蘇門答臘島與蘇拉威西島自古沿用此法至今。以此法處理後的生豆很容易從外表判斷。

後半段製程——選別

後半段製程是挑除異物，並且依照豆子大小進行分類的選別作業。首先會去除小石子，在此會利用石頭與生豆的比重差而去除石子。石頭有可能是在作業過程中不小心混入，也有可能是為了在買賣秤重時增加重量而刻意混入。

第二階段是風力選別。將豆子從上方投入，利用下方往上吹的風，吹走較輕的豆子與異物。

第三階段是篩目選別（依大小選別）。每個生產國都有各別的尺寸規範。

第四階段是比重選別。在第三階段分類完成的豆子，依不同大小分別處理，選出高品質且比重大的豆子。

最後的階段是顏色選別。以機械或是人工目視的方式挑出顏色異常的豆子。

完成了這一連串的作業，便將處理好的生豆以船運送到消費國。

Q80 農家以何種方式生產咖啡？

從咖啡櫻桃的採收到成為處理好的生豆，在這段流程當中有幾種不同的製造模式，這會隨著國家或農家的規模而改變。

收穫量多且資金豐沛的大型農園，在採收後到精選都是自己一手包辦。甚至有大農園連出口也不假他人之手。

不過，世界上的咖啡生產者大部分都是栽種面積只有數公頃的小型農家。小型農家採收的咖啡櫻桃會因之後選擇的製造模式，而使生豆品質，更甚者連商品價值都會有很大的變化。

第一種模式是「去殼前或選別前的作業由各農家進行」。在此情形下，會影響到品質的大部分製程由各農家分別進行。

小型農家因為產量少，精選業者收集各農家提供的咖啡豆，混合為同一批號。因此，各農家對於咖啡的知識、技術與處理設備等都不盡相同，參差不齊的現象也會反應在商品上。有些國家會以強力的指導及組織力以避免製造出良莠不齊的商品，當然也有因為品質不一而被評為商品價值低落的國家或地區。

第二種模式是「直接販售咖啡櫻桃」。精選業者大量購入各農家剛採收的咖啡櫻桃，再統一精選，因此商品品質也較好。

第三種模式是「小型農家共同處理」。現在，在各產地都興起建立生產者組織的風氣。複數的小型農家集結資金購買設備，採收時也互相協助。藉由組織團體，共同製作出高品質的產品，也能增加彼此的收入。對品質的影響雖然還是存在，但透過組織一貫化處理也增加了可追溯性（管理製品的流程履歷）。目前有許多組織化之後明顯提升效果的區域，我想今後這樣的趨勢應該會越來越興盛吧。

Q81 如何決定咖啡的價格？

咖啡的價格基本上是以需要與供給的平衡而定。以阿拉比卡種來說，是以紐約期貨市場的價格為基準，剛果種則是以倫敦的期貨市場為準。若是預估豐收，則價格往下掉，若生產國政局動盪或天候不佳，導致產量減少，則價格會上揚。另外，受到投機買賣的影響，即使未受供需平衡影響，也會造成咖啡價格變動。

二〇〇〇年代初，剛成為咖啡從業者的我主要負責商品開發。當時，因巴西及越南的增產而使供給過多，導致咖啡價格低迷。不管用哪種豆都能符合預算，所以我當時幾乎沒有認真的計算過成本。根本不去深究這個狀況，每天都樂在製作綜合咖啡。

直到數年後，我親自探訪產地，才驚覺到咖啡價格低迷所帶來的後果。走訪各國，被棄置而荒廢的農園映入眼簾，也見到了許多無法上學的孩子們。我深切體會到，咖啡市價由產量高的國家或投機客的動向而定，而現下連生產成本都不保證賺得回來的低價狀況，是帶給這些支撐著咖啡世界的生產農家們多麼深刻的傷害。

最終，我發現到承受傷害的不只是生產農家。這回因供給不足而使咖啡價格飛漲。距離低迷期約五年，價格翻了三倍。綜合咖啡的製作也不得不精算成本。為了維持售價，必須尋求便宜的原料。若能將原料價格壓低還算好，有些商品簡直是越賣越賠錢。

不只是製造商遭受打擊，因為削價競爭的影響，生豆的品質也下降。如前文所說，為了維持售價不變而造成咖啡品質的低落。以價格作為選購標準的消費者所買到的咖啡品質一定不高。

咖啡的價格是隨時在變動的。若是太過堅持商品的價格，也會連帶影響到咖啡的風味。雖然也許有些人並不在意，但我個人強烈的希望能夠有越來越多消費者追求咖啡風味的安定與品質提升。

Q82 咖啡的生豆如何運送？

生豆的運送幾乎都使用船運。通常會在生產國（或鄰近國）將咖啡生豆裝滿貨櫃後出口。雖然也有使用與貨櫃同等大小的袋子來盛裝，不過基本上將豆子以數十公斤的單位分別裝入容器中的做法是主流。使用的容器有許多種類，比較特殊的像是：在牙買加會使用藍山咖啡木桶，在印尼及葉門等國則會裝入籃子中。一般來說，會使用以麻或瓊麻（Agave sisalana）編成的麻袋，分為四十五公斤（夏威夷）、六十公斤（巴西等國）、六十九公斤（中美洲）、七十公斤（哥倫比亞）等等，每個國家使用的麻袋容量都不一樣。通常一個貨櫃可裝入大約二百五十袋生豆。最近，為方便小型烘焙業者而使用十～十五公斤小麻袋的情形也越來越多了。走訪咖啡生產國，可見到瘦弱男性貌似輕鬆的扛著沉重麻袋放入貨櫃的景象。在深感佩服的同時，感謝與抱歉的心情也油然而生。對於這等嚴苛的勞動狀況，能獲得的酬勞卻微乎其微，這是不可忽視的現狀。

貨櫃可分為未附空調的乾貨櫃與附有空調的冷藏貨櫃。主要是以乾貨櫃運送生豆，但對生豆品質來說並不是一個好的環境。因為在產地裝櫃時，含有豐富水分的溫暖空氣也會一同進入貨櫃中，經過密閉後以船運送，大約要花上一個月的時間才到達。在這期間，每天會經歷溫度與濕度的變化，貨櫃中的空氣溫度越下降，甚至

會造成結露現象。

最近使用冷藏貨櫃運送生豆的情形增加，貨櫃本身的價格也上揚，因為裝袋術減少而使得成本變高，但溫度與濕度的變化較少，能夠有效的維持生豆的品質（參照Q52）。我定期會調查貨櫃內溫度與濕度的變化與運送所造成的品質變化，我認為高價的高品質咖啡，所帶來的效應十分值得期待。

Q83 進口生豆會摻雜劣質豆和異物嗎？

經手生豆運送的出口業者、進口公司、烘焙業者會以收到的生豆樣品確認其品質。其中可能會摻雜外觀異常的劣質豆（在栽種、採收、精選、保存、運送過程中變質），或是石頭、樹枝等異物。我輩咖啡從業者稱之為「缺點」，有各式各樣的種類，其定義及何等程度會影響到品質，由各生產國及其評估機構而定，基準各有不同。

根據國際標準化組織（ISO）訂立的國際標準ISO10470，針對各種劣質豆皆明訂出規範，例如在哪個製程因何種原因而造成缺陷、劣質豆的外觀特徵（附照片）、對價格及風味會有什麼樣的影響等等。其中主要的內容整理於158頁。

只要混入一顆黑豆，整杯咖啡的風味便毀於一旦。黑豆與一般咖啡生豆的顏色完全不同，很容易找出來。

酸豆也能夠以外觀輕易發現，特徵是表面帶點紅褐色。

黴菌破壞豆（表面產生黴菌）雖不常見，但也很容易辨別。

蟲蝕豆因為留下了被蟲蛀蝕的痕跡，所以要找出來也不難。

未成熟豆的外觀較小且呈現特殊的綠色，在烘焙過後可能比較容易判斷。因為與正常的豆子成分不同，因此會成為死豆（不易上色的豆子）。

另外，像是咖啡豆膜的殘渣、仍殘留豆膜的豆子、乾燥帶果皮的豆子（乾燥後的果實）、石頭、土、木片都被視為異物。藉此也可看出精選業者的技術能力與對農家的指導能力。

有些會造成異味的豆子從外觀上難以判斷，會因發霉而造成異味，或是傳出類似氮氣的味道。為了降低造成異味的風險，進行杯評（Cupping）試飲是很重要的。

◆劣質豆主要特徵、原因與影響

名稱	特徵	原因	影響
黑豆 （black bean）	表面變色成黑色／比一般生豆更小	因細菌造成損傷／未成熟豆經不適當的乾燥等等	顏色不均／令人不悅的風味
酸豆 （sour bean）	表面帶紅褐色	過度發酵	令人不悅的風味
黴菌破壞豆 （fungus damaged bean）	可看到生豆表面的黴菌	保管環境／輸送環境的不良	有發霉的味道
貝殼豆 （shell bean）	表面膨起	發育不良	易有焦味
蟲蛀豆 （insect damaged bean）	有被蟲蛀過的痕跡	栽培時或保管時被蟲蛀蝕	顏色不均／令人不悅的風味（栽培時被蟲蛀）
未成熟豆 （immature bean）	皺褶集中／表面有黏著性的銀皮／呈現金屬綠色	未完全成熟	顏色不均／風味收斂
漂浮豆 （floater bean）	會浮於水上	不適當的保管與乾燥	令人不悅的風味
凋萎豆 （withered bean）	表面有很深的皺褶	發育不良	令人不悅的風味

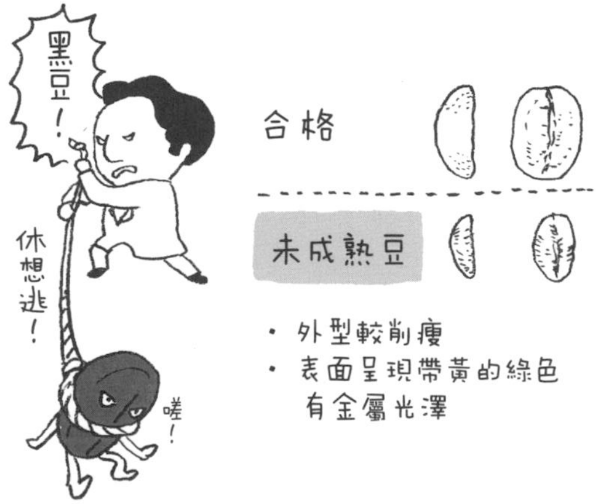

Q84 阿拉比卡種又分為哪些次品種？

阿拉比卡種品系之下的次品種，有源自馬丁尼克島的帝比卡、留尼旺島（Réunion）的波旁等等。

波旁的由來，是因為運送到留尼旺島的部分咖啡樹產生了遺傳性變異而誕生了該品種。其他還有一些同樣因為突然變異而形成的品種。具代表性的是卡度拉（Caturra），雖是波旁的突然變異種，但具有早熟且多果實的特性，為中南美洲地區的主要栽種品種。另外，阿拉比卡種當中果實最大的象豆（Maragogype）也是突然變異種。

透過不同品種的組合也可配種出新品種。舉例來說，栽種於巴西的新世界（Mundo Novo）是蘇門答臘（帝比卡的印尼亞種）與波旁的自然配種而來的。新世界與卡度拉以人工方式再配種出卡杜艾（Catuai）。若是透過人工配種，在開花之前，為了不讓花粉接觸雌蕊，會先拔除雄蕊（稱為除雄）。另外，像是哥倫比亞、依卡圖（Icatu）、Ruiru 11等混種（參照Q86）也都是以人工配種。

另外，從二〇〇六年開始，藝妓品種受到了相當大的注目，由衣索比亞自然培育，自一九六〇年代向外傳播。與帝比卡一樣歷史相當悠久。最有名的應屬巴拿馬產的藝妓，由位於哥斯大黎加的熱帶農業研究與教學中心（CATIE）產出，散發出如同摩卡般的香氣，而引發關注。我曾在二〇〇五年造訪熱帶農業研究與教學中心，進到植物園觀察了藝妓品種，當時壓根沒想到它會變得如此聲名大噪。

雖然有大量關於咖啡的資訊流通於世上，但還是發現有許多人仍無法區別「種」與「品種」。「品種」歸於「種」之下，品種可分為以栽培為目的的「栽培品種」以及限於特定區域的「亞種」。舉例來說，「阿拉比卡種」是正確的表現方式，但「帝比卡種」並不正確，應該用「阿拉比卡種帝比卡」或「帝比卡品種」，抑或單稱「帝比卡」才對。

◆阿拉比卡種的主要次品種

品種名		起源
帝比卡（Tipica）		衣索比亞／傳播路徑：印尼→荷蘭→法國
波旁（Bourbon）*1		留尼旺島／帝比卡的突然變異種
象豆（Maragogype）		巴西的馬拉戈吉佩／帝比卡的突然變異種
藝妓（Geisha）		衣索比亞的藝妓品種
卡度拉（Caturra）		巴西／波旁的突然變異種
肯特（Kent）		位於印度的農園，肯特為農園主人名
SL28		坦尚尼亞／波旁類
SL34		肯亞／波旁類
新世界（Mundo Novo）		蘇門答臘（帝比亞的亞種）與波旁的混種
卡杜艾（Catuai）		新世界與卡度拉的混種
混種	卡帝摩（Catimor）	葡萄牙／帝汶混種*2 與卡度拉的混種
	哥倫比亞（Colombia）	哥倫比亞／帝汶混種*3 與卡度拉的混種
	依卡圖（Icatu）	巴西／經藥物處理的剛果種與波旁混種後再與新世界結合
	Ruiru 11	肯亞／卡帝摩與 SL28 類混種*4 結合後再與 SL28 混種
	S795	印度／阿拉比卡與利比利卡的混種 S288 與肯特結合

＊1：有紅色果實的 Red Bourbon 與黃色果實的 Yellow Bourbon。卡度拉、卡杜艾、哥倫比亞、依卡圖也同樣有兩種顏色的果實。
＊2：在帝汶發現的阿拉比卡種與剛果種的混種。也稱為 HdT。
＊3：與卡帝摩所使用的植株不同。
＊4：SL28 與具抗病性的 K7 或 HdT 混種。

Q85 剛果種又分為哪些次品種？

剛果種當中較為人所知的次品種有羅布斯塔（Robusta）、科尼倫（Conilon）等等。

剛果種與阿拉比卡種不同，只能與具有不同遺傳特性的同伴配種，品種的純度不高，種類也不多。

那麼，不能多種些具有優秀特性的剛果種咖啡樹嗎？其實在產地會進行優秀株的複製，不過聽到複製兩字，也許有些人會連想到是最先進的生物科技，而對成果有些不安的感覺，簡單來說就是「插枝」。以剛果種來說，只要將優秀株的樹枝插入土中使其生根，作法相當簡單。生根於土壤的咖啡株所結果實會與優秀株完全相同。

另一種繁殖方式是「嫁接」。例如將

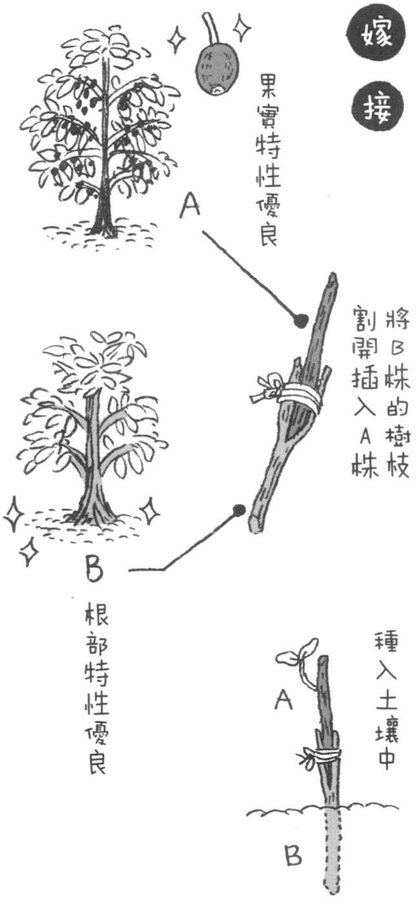

A株（果實特性優良）插入B株（根部特性優良）的樹枝中，再以繩子綁在一起後，以B株朝下的形式埋入土壤中，這麼一來，就能長出果實與根部都很優秀的植株。不過，若在嫁接處下方剪枝過一次，之後結出的果實就會展現出B株的特性。另外，若是採取上方樹枝進行複製，那麼就只會表現出A株的特性。

話題有些扯遠了。阿拉比卡種與剛果種之間也會進行嫁接。為了結合阿拉比卡種的果實特性與剛果種的抗病性，在土壤不適合種植阿拉比卡種的區域，以及會侵蝕根部的線蟲肆虐區域，都會進行兩個品種的嫁接。所採得的果實特性完全與阿拉比卡種相同。透過嫁接方式配種，與咖啡樹整體都會呈現出阿拉比卡種與剛果種特性的混種（參照Q86）不同。

◆剛果種的主要次品種

品種名	起源
羅布斯塔（Robusta）	維多利亞湖（橫跨肯亞、坦尚尼亞、烏干達）以西
克威羅（Kouillou） 科尼倫（Conilon）	維多利亞湖以西 在巴西被稱為科尼倫

Q86 咖啡中的混種是指什麼？

結合兩個不同性質的東西稱為混種（Hybrid）。像是結合氣油與電力的油電混合車便是一個好例子。

本來，植物的混種概指為異品種雜交，以咖啡來說，在日本通常是指阿拉比卡種與其他種的雜交混種（稱為種間雜交），可參照Q84的表。大部分是阿拉比卡種與剛果種的種間雜交，希望能夠以剛果種具抗病性的優點補足阿拉比卡種易受侵蝕的弱點。

咖啡的主要混種方法與其他植物相同。於阿拉比卡種的雌蕊上施以其他品種的花粉即可。不過，要實行卻不容易。因為阿拉比卡種與剛果種的染色體數量不

同，兩者結合後並無法繁衍。

而解決此問題的是在帝汶島（Timor）所發現的帝汶混種（Timor Hybrid）。帝汶混種是阿拉比卡種與因突然變異而染色體數量與阿拉比卡種相同的剛果種所結合的自然雜交種。以遺傳觀點來說雖是阿拉比卡種，卻也兼具有剛果種的抗病力。透過帝汶混種與阿拉比卡種的混種，在各國誕生了各種混種咖啡。其中著名的像是帝汶混種與卡度拉配種而來的卡帝摩（Catimor）及哥倫比亞。

在印度發現的 S288 品種則是由阿拉比卡種與利比利卡種（Liberica）混種的結果。S288 與肯特（Kent）混種則誕生了 S795 品種，也是印度及印尼的主要栽種品種。

另一個混種的繁殖方法是使用生物鹼（Alkaloid，植物所含成分之一），以人工方式改變剛果種的染色體數後，再與阿拉比卡種進行混種。巴西所產的依卡圖，最初便是結合藥物處理後的剛果種與阿拉比卡種。雖然藥物處理這一點仍被質疑其安全性，但我們在日常生活中又何嘗不是蒙受其惠呢？之所以能吃到無籽葡萄，就是因為透過藥物改變其染色體，而使葡萄未結種子。

起初為了重視抗病性而開始進行混種，而近年來不只如此，也開始將目的擺在消費國相當重視的要素——味道。

Q87 傳統品種的咖啡比較好喝嗎？

最近，咖啡有越來越重視品種的趨勢。特別是帝比卡及波旁等具有悠久歷史的品種，其高評價受到注目。不管是對咖啡抱有著更強的堅持，或是有更多的資訊被提供，都是很棒的事情。不過，我深切擔憂這會導致所謂「傳統品種依存症」的極端品種信仰的現象。提供咖啡者不應輕易陷於商業主義，而有義務將正確資訊傳達給購買者。相對的，購買者也必須具有確實判斷其資訊的能力。

我在工作上會走訪各產地確認咖啡品質，以及用科學方法分析並評估從各產地送來的咖啡。品種只不過是咖啡品質的要素之一。舉例來說，土壤、標高等地理條件、降水量、氣溫等氣候條件都會對品質產生巨大影響。採收後的精選製程也很重要。若無視於這些後天影響，只靠品種來造就味道，這麼說並不正確。那麼，假設地理條件、氣候條件、精選方法都相同呢？即使如此，也不能輕易將味道歸於品種的優劣。這是因為每個品種都有其不同的適合條件。為了做出美味的咖啡，就必須選擇適合該土地的品種。因此，答案不只是千篇一律的帝比卡或波旁。

「傳統品種依存症」也會併發「改良品種拒絕症」。有此傾向者，首先會將矛頭指向阿拉比卡種與剛果種的混種。對於混種的開發，追溯其歷史，是為了增加採收量與抗病力，雖說當時不是針對味道的改良，但也不能一概而論的說「混種咖啡就是不行」這種話。

而品種信仰最大的弊害，就是會影響到對咖啡的評價。不好喝的帝比卡，或美味的混種咖啡比比皆是。只因為咖啡前面冠的頭銜，就妄下定論的認為好喝或不好喝，是非常可惜的事。有時會讓你多花冤枉錢，有時更會讓你錯失品飲一杯好咖啡的機會。

●參考文獻

石脇智廣等人。《咖啡檢定教本》全日本咖啡商工組合聯合會，2006

中林敏郎等人。《咖啡烘焙的化學與技術》弘學出版，1995

J. N. Wintgens, “Coffee: Growing, Processing, Sustainable Production”, WILEY-VCH, 2004

R.J. Clarke and R. Macrae, “Coffee Vol. 1, Chemistry”, Elsevier Applied Science Publishers, 1985

R.J. Clarke and O. G. Vitzthum, “Coffee Recent Developments”, Blackwell Science, 2001

A.Illy and R. Viani, “Espresso Coffee: The Chemistry of Quality”, ACADEMIC PRESS,1995

A. Illy and R. Viani, “Espresso Coffee (2nd edition): The Science of Quality”, ACADEMIC PRESS, 2005

後記

不曉得這本書是否能夠成為你漫步咖啡森林的指南？寫完後，我心中的不安與後悔更勝過滿足感。「科學」是很有趣的羅盤，但是我本身並非優秀的導遊，因此十分擔心能夠將那份樂趣傳達到什麼程度、能夠幫上各位多少忙。還有許多東西尚未傳達。下次如果還有機會，我會繼續補充完畢。還有好多好多關於咖啡森林的樂趣、愈加奧妙的深度，以及科學的有趣之處想告訴大家。可惜這次只能到此先告一個段落。

感謝協助我完成本書的幕後推手——巴哈咖啡館田口護先生、辻靜雄料理教育研究所的山內秀文先生、幫忙補充製造相關知識的研究者夥伴，也是我相當尊敬的大哥川島良彰先生，以及畫出精確又可愛插圖的川口澄子小姐。

另外也很感謝總是體諒並支援我工作的石光商事（股）公司，以及在那兒一起打拚的夥伴，還有我的家人。

最後更要感謝努力閱讀我的艱澀稿子，並且幫忙潤飾的編輯美濃越薰。如果這本書能夠為咖啡愛好者提供幫助，都是美濃越編輯的功勞。萬分感謝。

二〇〇八年八月
石脇智廣

用語解說

（依筆劃順序排列）

內果皮

Parchment。包覆於生豆或種子的薄殼。維持被內果皮包覆的生豆被稱為帶殼豆（Parchment coffee）。

水洗式

使用去皮機去除果肉，在果漿被酵素分解而沖洗掉之後，以帶殼豆的狀態進行乾燥的精製法。特徵是去皮機也能一起去除未成熟豆。

日曬法

將咖啡櫻桃的完整果實加以乾燥的精製法。做法簡單，不過雖然能夠做出與水洗式不同風味的咖啡，但成敗都歸於乾燥一道功夫，風險很大。

生豆

從採收後的咖啡櫻桃中取出再加以乾燥的種子。通常在運送出去之前會依規格選別。

死豆

烘焙時比起其他豆子更難上色的劣豆。因為不具有會使生豆著色的成分所導致。

成熟度

咖啡櫻桃從綠色未成熟的狀態（未熟果實）漸漸成熟，進到成熟階段（成熟果實），最後會到達過熟的程度（過熟果實）。越接近成熟果實，成熟度就越高。從不同成熟度的果實中取出的種子分別稱為未成熟豆、成熟豆、過熟豆，一般來說，生豆當中會混雜著不同成熟度的果實。另一種說法，是將每個批號整體的成熟豆比例稱之為成熟度。

多醣類

以數十個以上的單糖分子為單位所結合而成的糖。為咖啡中最多的成分，可溶於水的多醣類能為咖啡帶來濃度。

咖啡豆

烘焙後的生豆。或是生豆烘焙後再製成粉狀。也稱為「一般咖啡」。

咖啡櫻桃

Coffee cherry。指咖啡果實。

阻氣性

阻斷包材（包裝材料）氣體流通的性質。氣球之所以會漸漸消氣，是因為所使用的材料是橡膠，其阻氣性很低，所以氣體會從氣球表面洩出。若考量到咖啡的長期保存，就必須屏除劣化要因的氧氣及水分。使用阻氣性高的包材，維持良好保存狀態很重要。

果漿

Mucilage。覆蓋在內果皮表面的黏液質。在精選時會以非水洗式、帶果漿日曬法將其乾燥處理，或是以水洗式去除。若是以水洗式去除，因為果漿不溶於水，因此必須藉助消化酵素或微生物的幫助，使果漿發酵、分解後便於沖洗去除，或直接剝除。

直火式、半熱風式

烘焙機構造的分類（可能只適用於日本）。直接加熱圓筒狀烘焙滾筒（放入豆子的部分）的機型，筒面有開孔的是直火式，未開孔的是半熱風式。半熱風式的機型在圓筒後方（排出側的另一邊）會引進經熱源加熱的熱風，但影響不大。

帶果漿日曬法

以去皮機去除果肉，將仍保留果漿的帶殼豆加以乾燥的精製法。雖也被稱為半水洗式（Semi washed）。不過，因為水洗式當中另有一種去除果漿的方法也叫做半水洗式，為了避免混淆，所以本書中不使用該詞。

疾病

以咖啡樹來說，像是會損傷葉片且讓樹木衰弱的咖啡葉銹病（Coffee Leaf Rust）、會對根部造成損害且讓樹木衰弱的萎凋病，以及會損害咖啡櫻桃造成收穫量降低的炭疽病（Coffee berry disease）。罪魁禍首幾乎都是黴菌。

烘焙程度

表示加熱程度的指標。大略可分「淺度烘焙」、「中度烘焙」、「深度烘焙」等類別。一般是以淺烘焙（Light Roast）、肉桂烘焙（Cinnamon Roast）、中度烘焙（Medium Roast）、深度烘焙（High Roast）、城市烘焙（City Roast）、深城市烘焙（Full City Roast）、法式烘焙（French Roast）、義式烘焙（Italian Roast）這八個階段。若是需要數值化的情況，可用烘焙時的水分蒸發率，或是以機械測量顏色來判斷。一般會用色差計測量亮度，咖啡業界稱之為 L 值。

脂質

不溶於水但可溶於有機溶媒的物質。為咖啡主要成分之一，咖啡當中含有油脂及蠟等成分。

缺點

外觀異常的生豆及混雜石頭等異物的總稱。大多數都會在精選製程被挑除，許多咖啡生產國都會將缺點數（缺點程度數值化）列入出貨規格當中。

蛋白質

由一百到數千個胺基酸所結合而成的物質。為咖啡主要成分之一。可溶於水的蛋白質能為咖啡帶來濃度。酵素也是蛋白質。生豆當中含有可分解果漿以及脂質的酵素。

梅納反應

Maillard reaction。糖與胺基酸加熱後產生的褐變反應。咖啡的褐變反應有些複雜，與糖加熱後所產生的焦糖及綠原酸也有關連。梅納反應會形成咖啡的香氣，但要視咖啡中含有哪種糖跟胺基酸，以及加熱的溫度，而會使香氣的質與強度改變。

排氣閥

為使氣體排出而裝在包材上的開關。烘焙後的咖啡內部含有大量二氧化碳，可利用排氣閥慢慢排出。使用裝有排氣閥的包材是排氣方法之一。市面上雖有販售許多種排氣閥，但有些的耐久性堪慮，有些並不是從包材內往外的單向排氣閥，必須因應設定的賞味期限仔細選擇。

胺基酸

具有胺基及羧基兩者構造的物質總稱。是形成咖啡香氣、顏色與苦味的原因。

脫殼

除去殼，取出種子。以咖啡來說，若以非水洗式作為精製法，則殼指的是外果皮、果肉、果漿、內果皮乾燥後的產物。若採用其他精製法，則殼指的是內果皮（不過，若採取帶果漿日曬法，內果皮的表面會附著乾燥後的果漿）。通常會使用「脫穀」一詞。

焦糖化反應

Caramelization。只有在糖加熱後會產生的褐變反應。

害蟲

以咖啡樹來說，有會進入咖啡櫻桃中侵蝕種子的咖啡果小蠹（Coffee Berry Borer），或是會對根部造成損害的線蟲等等。

傳熱

若物體之間有溫度差異，溫度高者會向溫度低者形成熱的移動，稱為傳熱。傳熱分三種形式，第一是固體與固體間的「傳導」。以烘焙機來說，是在圓筒與豆子的接觸點產生了傳導。從豆子表面到豆心的熱移動也是傳導。第二是氣體或液體的流動而形成「對流」，是從被加熱的空氣將熱傳到豆子表面時所產生。第三是「輻射」，是透過紅外線傳熱。隨熱源的材質不同，紅外線的功效也不同，受熱體的溫度上升方式也會有差異。若使用裝設陶瓷的直火式烘焙機，便可利用功效較小的遠紅外線。若使用以炭火為熱源的直火式烘焙機，則不只遠紅外線，也能利用功效較大的近紅外線。

選別

將生豆以尺寸大小分類，剔除劣質豆，使其符合出貨規格。

溼度

咖啡的含水率會隨環境溼度而變化。放置於室溫下、含水量百分之十二的生豆，其溼度是百分之六十～七十。若環境溼度高於此值，生豆會吸收溼氣，含水率就會增加。反之，若環境溼度低於此值，那麼生豆便會釋出水分，含水率便減少。以烘焙豆來說，濕度約百分之三十，除非是特殊環境，否則一定會吸收溼氣。

溫度履歷

記錄溫度在時間當中如何變化的圖表。可成為豆子烘焙中的溫度上升方式的基準。同樣的生豆即使烘焙成同樣顏色，若溫度履歷不同，風味也會大異其趣。

綠原酸

Chlorogenic acid。由咖啡酸以及奎寧酸（quinic acid）一對一結合而成，也泛指與其類似的物質總稱。因其構造被稱為咖啡多酚。是形成咖啡酸味、香氣、顏色與苦味的原因。

精選

從咖啡櫻桃中取出種子，乾燥後製成生豆，使其符合出貨規格，這一連串的加工作業便稱之為精選。精選的前半段製程是指製成生豆的過程，在本書中稱為「精製」，後半段分類生豆的過程則稱為「選別」。

精製

從咖啡櫻桃中取出種子，乾燥後製成生豆的過程。精製的方法有水洗式、非水洗式、帶果膠日曬法、蘇門答臘式。

寡醣類

數個單糖分子（葡萄糖等等）結合而成的糖（蔗糖＝砂糖）。是形成咖啡酸味、香氣、顏色與苦味的原因。

蘇門答臘式

在尚有豐富水分的狀態去除內果皮，以生豆狀態加以乾燥的精製法。因為是在含水量多的狀態下去殼，因此生豆會呈現深綠色。

VV0049X

探究美味的原理！

以科學解讀咖啡的秘密（暢銷紀念版）

從一顆生豆到一杯咖啡，東大博士為你解析87個關於咖啡的常見疑問

原書名　コーヒー「こつ」の科学―コーヒーを正しく知るために
作　者　石脇智廣
審訂者　蘇彥彰
譯　者　林謹瓊、黃薇嬪

總編輯　王秀婷
主　編　洪淑暖
責任編輯　林謹瓊

發行人　凃玉雲
出　版　積木文化
104台北市民生東路二段141號5樓
電話：(02) 2500-7696｜傳真：(02) 2500-1953
官方部落格：www.cubepress.com.tw
讀者服務信箱：service_cube@hmg.com.tw
發　行　英屬蓋曼群島商家庭傳媒股份有限公司城邦分公司
台北市民生東路二段141號11樓
讀者服務專線：(02)25007718-9｜24小時傳真專線：(02)25001990-1
服務時間：週一至週五09:30-12:00、13:30-17:00
郵撥：19863813｜戶名：書虫股份有限公司
網站：城邦讀書花園｜網址：www.cite.com.tw
香港發行所　城邦（香港）出版集團有限公司
香港灣仔駱克道193號東超商業中心1樓
電話：+852-25086231｜傳真：+852-25789337
電子信箱：hkcite@biznetvigator.com
馬新發行所　城邦（馬新）出版集團 Cite（M） Sdn Bhd
41, Jalan Radin Anum, Bandar Baru Sri Petaling, 57000 Kuala Lumpur, Malaysia.
電話：(603) 90563833｜傳真：(603) 90576622
電子信箱：services@cite.my

封面設計　張倚禎
內頁排版　優克居有限公司
製版印刷　凱林彩印股份有限公司

城邦讀書花園
www.cite.com.tw

2014年4月29日　初版一刷
2023年8月25日　二版四刷
售　價／NT$380
ISBN 978-986-459-236-4

國家圖書館出版品預行編目資料

以科學解讀咖啡的祕密：探究美味的原理!從一顆生豆到一杯咖啡,東大博士為你解析87個關於咖啡的常見疑問 / 石脇智廣作；林謹瓊, 黃薇嬪譯. -- 二版. -- 臺北市：積木文化出版：家庭傳媒城邦分公司發行, 2020.07
　面；　公分
譯自：コーヒー「こつ」の科学：コーヒーを正しく知るために
ISBN 978-986-459-236-4(平裝)

1.咖啡 2.問題集

427.42022　　109007969